Qi Cheng
Wenli Sun
Silvio Nascimento

Estudos sobre as últimas enzimas na biossíntese de Bchl e Chl

Qi Cheng
Wenli Sun
Silvio Nascimento

Estudos sobre as últimas enzimas na biossíntese de Bchl e Chl

ScienciaScripts

Imprint

Cover image: www.ingimage.com

This book is a translation from the original published under ISBN 978-3-659-71651-5.

Publisher:
Sciencia Scripts
is a trademark of
Dodo Books Indian Ocean Ltd. and OmniScriptum S.R.L publishing group

120 High Road, East Finchley, London, N2 9ED, United Kingdom
Str. Armeneasca 28/1, office 1, Chisinau MD-2012, Republic of Moldova, Europe
Printed at: see last page
ISBN: 978-620-7-88314-1

Conteúdo

Resumo

Este estudo resume o progresso dos trabalhos no desenvolvimento de métodos que trazem informações para melhor entender o mecanismo de biossíntese de Clorofila/Bacterioclorofila, enfatizando quatro enzimas nas últimas etapas deste processo. A biossíntese da Clorofila (*Chl*)/Bacterioclorofila (*Bchl*) é essencial para a ocorrência da fotossíntese onde estas quatro diferentes enzimas catalisam algumas das últimas etapas das reações químicas para biossintetizar a *Bchl/Chl*, são elas: a Protoclorofilídeo (*Pchlídeo*) Oxidorredutase dependente de luz (*LPOR:* EC 1.3.1.33), a *Pchlide* oxidoreductase dependente da luz (*DPOR*: EC 1.3.7.7), que são responsáveis pela redução do anel D duplo C17=C18 na configuração de tetrapirrolo da *Pchlide* para formar *Chlide. A Chlide* Oxidoreductase (*COR*: EC 1.3.99.15) é responsável pela redução de C7=C8 no anel B (*Bchl*), e a Divinyl Reductase (*DVR*: EC 1.3.1.75) reduz o grupo vinil C8 no *8-vinyl-Chlide a.* Nesta revisão, são apresentadas as descobertas mais importantes relacionadas com os mecanismos, as estruturas e as interacções com outras enzimas, que foram feitas até agora, e a sequência destas enzimas é comparada entre si, e o alinhamento das sequências, a análise filogenética e a análise evolutiva molecular das quatro enzimas foram realizadas com o objetivo de encontrar os seus níveis de semelhança. A análise comparativa feita com o *MEGA 6* confirmou as maiores semelhanças entre *DVR*, *DPOR* e *COR*, também com a enzima Nitrogenase, partilhando várias características comuns, e a *LPOR* é a que tem menos semelhanças com todas elas, e a comparação das sequências das enzimas mostrou novas regiões conservadas.

Palavras-chave: Fotossíntese, Biossíntese de Clorofila e Bacterioclorofila, Enzimas *DVR, DPOR, LPOR* e *COR*.

Abreviaturas

ALA - α-Aminolevulinic Acid
ATP - Adenosine triphosphate
Bchl - Bacteriochlorophyll
BLAST - Basic Local Alignment Sequence Tool
BLASTP - Protein-Protein Basic Local Alignment Sequence Tool
C - Carbon
CASH - Cryptophyte, Alveolate, Stramenopile and Haptophyte
Chlide - Chlorophyllide Reductase
Chl - Chlorophyll
CoA - Coenzyme A
COR - Chlorophyllide Oxidoreductase
Cys - Cysteine (amino acid)
DPOR - Light-Independent Protochlorophyllide oxidoreductase
DVR - Divinyl Reductase
EC - Enzyme entry number in the protein databases
Fe - Iron
Fe-S - Iron-Sulphur
GNSB - Green nonsulfur bacteria
IUPAC- International Union of Pure and Applied Chemistry
LPOR - Light-Dependent Protochlorophyllide Oxidoreductase
Lys - Lysine (amino acid)
MEGA - Molecular Evolutionary Genetics Analysis
Mg – Magnesium
NADPH - Nicotinamide Adenine Dinucleotide Phosphate-oxidase
NCBI - Nacional Center for Biotechnology Information
Pchlide - Protochlorophyllide
PS I - Photosystem I
PS II - Photosystem II
RC - Reaction Center
ROS - Reactive Oxygen Species
SDR - Short-chain Dehydrogenase/Reductase
Tyr - Tyrosine (amino acid)

CAPÍTULO 1

1. Introdução

Apesar de não haver consenso sobre quando se iniciou o processo de fotossíntese, dados de isótopos de carbono e outras evidências químicas e recentes descobertas de fósseis (**Blankenship, 1992; Olson & Blankenship, 2004)** indicam que o processo de fotossíntese teve origem no início da história da Terra, há mais de 3 mil milhões de anos, tendo depois evoluído para a sua atual diversidade mecanística e distribuição filogenética através de um processo complexo e não linear. A fotossíntese é o processo responsável pela evolução da vida, através da conversão dos fotões de energia luminosa, a fonte básica de energia que "alimenta" este processo, em energia potencial química. Está dependente dos pigmentos Bacterioclorofila (nas bactérias) e Clorofila (nos organismos não bacterianos) captadores de luz, que são os principais dadores de electrões que impulsionam a conversão da luz em energia química a ser conservada em *NADPH2* e *ATP* (**von Wettstein, *et al.*, 1995**). Incorporados em complexos de antenas de plantas, algas e bactérias fototróficas e incluem também outros aparelhos como complexos de transferência de electrões, complexos proteína-pigmento conhecidos como centros de reação (*RC*) e maquinaria de fixação de carbono, que permitem a colheita da energia luminosa, e realizam reacções fotoquímicas que conduzem a uma separação estável de cargas (**Blankenship**, **1992; Golbeck, 1993; Nazir & Khan, 2013**). As modificações estruturais do macrociclo do tetrapirrolo são responsáveis pelas características específicas de absorção e transferência de energia do aparelho de captação de luz, influenciando as interacções pigmento-pigmento e pigmento-proteína nos complexos de antenas (**Green, *et al.*, 2004; Grimm, *et al.*, 2006).** A via biossintética da Bacterioclorofila (*Bchl*) é multi ramificada e representa o modelo do centro de biossíntese da Clorofila (*Chl*) - *proteína* onde o Fotossistema I (*PS I), o* Fotossistema II (*PS II)* e os complexos *da proteína ChlL* de colheita de luz são montados em unidades fotossintéticas funcionais. O *PS II* (também conhecido como tipo Q) tem um *RC* do tipo quinona, enquanto *o PS I* tem famílias de RC do tipo ferro-enxofre (Fe-S), que estão presentes nas membranas dos organismos fotossintéticos oxigenados. Os pigmentos estão mais compactados no caso do *PS I*, com distância molecular média da ordem de 4 A que aumenta para 8 A no *PS II*, ambos os fotossistemas ligam cofactores semelhantes, tendo algumas subunidades semelhantes e que estão expostas ao mesmo ambiente, partilhando muitas propriedades macroscópicas comuns (**Rebeiz, *et al.*, 1999; Loll *et al.*, 2005; Umena *et al.*, 2011; Caffarri, *et al.*, 2014**). A via biossintética da protoporfirina IX para *Chl* e *Bchl* inicia-se com a inserção do magnésio (*Mg^{2+}*) no centro de quatro anéis pirrólicos (designados *de A* a *E*), também vulgarmente conhecidos como complexos de anéis tetrapirrólicos, que são sintetizados no cloroplasto a partir de 8 moléculas de ácido 5-aminolevulínico (*ALA*) (**Bauer, *et al.*, 1993; Bollivar, *et al.*, 1994; Castelfranco, *et al.*, 1994**). Estes anéis são ligados com um átomo *de Mg* no centro, tendo o *anel D* esterificado com *fitol* (**Figura 6**). O anel de porfirina com as suas ligações duplas conjugadas é montado no cloroplasto a partir do *ALA*, um aminoácido não proteico altamente reativo (ácido 5-amino, 4-ceto pentanóico) (**von Wettstein, *et al.*, 1995**). Após a inserção do ião *Mg^{2+}* , a metiltransferase magnésio-protoporfirina esterifica a cadeia lateral propiónica do *anel C* em preparação para a reação de ciclização que produz um quinto anel, denominado *anel E* (**Castelfranco, *et al.*, 1994**). A gama espetral destes complexos é alargada por várias modificações, sendo *os Bchls* absorvidos em comprimentos de onda mais longos do que os *Chls* (**Bourke, *et al.*, 1993**). Modificações como: presença de grupos etil e vinil, que podem estender ou confinar o sistema de elétrons deslocalizados do macrociclo *Bchl* (**Nasrulhaq-Boyce, *et al.*, 1987**) para o macrociclo *Bchl*, que influenciam as interações pigmento-pigmento e pigmento-proteína dentro dos complexos de antena (**Simon, *et al.*, 1983; Canniffe, *et al.*, 2013; Canniffe, *et al.*, 2014**). Os dados mostram que essas partes não tiveram a mesma história evolutiva em todos os organismos, de modo que o aparato fotossintético é melhor visto como um mosaico complexo feito de diversas subestruturas, cada uma com sua própria e única história evolutiva, onde cada parte parece ser completamente independente da evolução (**Olson & Blankenship, 2004**). Por outro lado, sabendo que a transição da fotossíntese anoxigénica para a fotossíntese oxigenada ocorreu quando as cianobactérias começaram a utilizar a água como dador de electrões para a redução do dióxido de carbono (**Olson & Blankenship, 2004**), o que marcou um ponto chave e talvez o ponto de origem do processo de Fotossíntese. Mas só mais tarde, quando um antecessor das cianobactérias modernas adquiriu a capacidade de sintetizar pigmentos reduzidos, é que *o Chl* entrou em cena, primeiro servindo como pigmento de antena [como as Clorinas (*Bchl C*, *D* e *E*) nas antenas das *Chlorobium* modernas] e mais tarde como componente do centro de reação (como nas cianobactérias modernas e nos Cloroplastos) (**Bourke, *et al.*, 1993**). Percorrendo a evolução dos organismos fotossintéticos, analisando os últimos passos da biossíntese da *Chl* e da *Bchl, a* partir da Protoporfirina IX, que é marcada pela introdução do metalocluster de *Mg*. São encontradas as quatro enzimas que são estudadas neste trabalho, a primeira a ser encontrada é a: *Divinil Reductase* (*DVR*), que pode ser encontrada nos bancos de dados enzimáticos com o número de entrada da enzima: "EC 1.3.1.75"; *LightDependent*

Protochlorophyllide Oxidoreductase (*LPOR*: EC 1.3.1.33); *LightIndependent (Dark-Operative) Protochlorophyllide oxidoreductase* (*DPOR*: EC 1.3.7.7) e a última, a *Chlorophyllide a Reductase* (*COR*: EC 1.3.99.35). Este grupo de enzimas participa nas reacções dos passos redutores em diferentes anéis. Resumindo os passos destas quatro enzimas, a *DVR* é a primeira delas a entrar em ação convertendo o divinil Clorofilídeo *a* (*Clídeo a*) em Monovinil *Clídeo a* (**Tripathy & Rebeiz, 1988; Rebeiz, *et al.*, 1999**). Segue-se a reação que leva à produção de *Clida* a partir de Protoclorofilida (*Pclida*), que interage com a enzima através do átomo de metal (**Griffiths, 1980**) que está envolvido na redução $C_{17}=C_{18}$ (numeração *IUPAC*) no *anel D* do intermediário Mg-tetrapirrol da *Pclida* (**Griffiths, 1991**). Existem duas enzimas homólogas da *Pchlide* Oxidoreductase (*POR*): a dependente de luz (*LPOR*), que requer luz para a catálise (**Masuda & Takamiya, 2004**), e a *DPOR* (**Reinbothe, *et al.*, 2010**), que funciona de forma independente da luz (**Reinbothe, *et al.*, 2010**). Estas etapas são partilhadas com *Bchl*, tendo todos os fototróficos (exceto as angiospérmicas que têm apenas *LPOR*, e as bactérias anoxigénicas, bactérias fotossintéticas que têm apenas *DPOR*), para formar respetivamente *Chl*, e *Bchl* que difere de *Chl* nos *anéis A* e *B* substituintes. O passo de *Chlide* para *Bchl*, que é exclusivo de eubactérias púrpuras e verdes (**Heyes, *et al.*, 2008**), onde a enzima *COR*, a última destas quatro enzimas deste estudo entra em ação, entra em ação para realizar o passo adicional que diferencia *Bchl de Chl*, a redução estéreo-específica de $C_7=C_8$ no *anel B*, que é quimicamente semelhante à redução do *anel D* de *Pchlide* para formar *Chlide* (**Nomata, *et al.*, 2006[a]**). Com o objetivo de reunir a informação sobre estas enzimas, comparando-as entre si, foram realizadas pesquisas bibliográficas que resumem as descobertas mais importantes. Também foram utilizadas ferramentas de bioinformática para os alinhamentos das sequências, foram realizadas análises filogenéticas e de evolução molecular das quatro enzimas utilizando o software *MEGA 6*, e também foi realizado trabalho de laboratório (*wet work*) utilizando *PCR* para amplificar os três (3) genes das subunidades da *DPOR* (*ChlB, ChlL* e *ChlN)* e um *Por* (*LPOR*) de *Chlamydomonas reinhartii*.

1.1 Fotossíntese

A evolução global da fotossíntese é um processo complexo que envolve origens e trajectórias distintas de muitos componentes diferentes que não podem ser descritas por uma via de ramificação simples e linear, uma vez que as evidências demonstraram que vários componentes fotossintéticos têm histórias evolutivas distintas (**Xiong e Bauer, 2002**). Para além deste facto, sabe-se também que a história evolutiva dos organismos fotossintéticos está sujeita a uma transferência horizontal generalizada de genes e é obscurecida por eventos endossimbióticos (**Blankenship, 2010**). A origem da fotossíntese oxigenada introduziu um novo acetor de electrões de elevado potencial nos ecossistemas microbianos (**Arnold, *et al.*, 2004; Holland, 2006; Sahoo, *et al.*, 2012**) e nos mecanismos de reação enzimática (**Raymond, *et al.*, 2002**), marcando as mudanças fundamentais nos ciclos geoquímicos e nas vias bioquímicas **(Fujita, 2015).**

A capacidade de conversão da energia luminosa em energia biológica é uma das adaptações mais importantes para o desenvolvimento e manutenção da vida na Terra. Começou nas Proteobactérias e "subiu" até às plantas na árvore evolutiva e chama-se Fotossíntese. Esta capacidade é possível devido à presença de vários componentes, incluindo enzimas, Fotossistemas (*PS I* e *PS II*) e Centros de Reação (*CRs*), que tornam possível a colheita de luz e a conversão de luz dentro do aparelho fotossintético nos tilacóides. O processo de fotossíntese pode ser dividido em duas fases: Fase I - dependente de luz (fotoquímica) e Fase II - independente de luz (*Ciclo de Calvin*).

Na fase I, a energia luminosa (fotão) é captada na RC por pigmentos fotossintéticos (clorofilas, billinas e carotenóides) reunidos num fotossistema (*PS II*), e excita os electrões dentro das moléculas de pigmento para um estado mais elevado, depois os electrões são transferidos pela cadeia de transporte de electrões (*ETC*) que funciona como uma "bomba", para o *PS I*. Os electrões perdidos (transferidos) do *PS II* são substituídos por um processo chamado fotólise que envolve a oxidação da molécula de água (*H2O*), produzindo electrões livres e gás oxigénio, que é um bioproduto da fotossíntese. Por outro lado, à medida que os electrões passam através da *ETC*, a energia do eletrão é utilizada para bombear os iões H do estroma para o tilacoide, criando um gradiente de concentração que alimenta a *ATP* sintase (fosforila *o ADP* em *ATP*). E os electrões de baixa energia são transportados para o *PS I*, depois estes electrões são reenergizados e passados através do *ETC* onde são utilizados para reduzir *o* $NADP^+$ para formar *NADPH*, que com o *ATP* também são produtos a serem utilizados como fonte de energia nas reacções independentes da luz (**Sheer, 1994; Blankenship, 2010; Sahoo, *et al.*, 2012; Armstrong, 2014**). Estes pigmentos fotossintéticos (*Bchl/ Chl*) são essenciais para o processo de fotossíntese devido ao seu papel como doador primário de electrões na cadeia de transporte de electrões (**Raven, *et al.*, 2005**), e também têm grande importância para compreender melhor a origem da fotossíntese (**Burke *et al.* 1993; Beale 1999; Raymond *et al.* 2002; Mulkidjanian *et al.* 2006; Chew e Bryant 2007**).

1.1.1 Biossíntese da Bacterioclorofila (*Bchl*)/ Clorofila (*Chl*)

Os pigmentos fotossintéticos *Bchl/Chl* são alguns dos pigmentos envolvidos no processo de fotossíntese que são utilizados pelos organismos fotossintéticos anoxigénicos e oxigenados (**Susek & Chory, 1992; von Wettstein, *et al.*, 1995); Santana, *et al.*, 2002; Schoefs & Bertrand 2005; Tanaka & Tanaka, 2007; Chen, 2014**).

Desde a descoberta da via biossintética da *Chl* (**Granick, 1949**), o conhecimento aumentou drasticamente desde essa altura até aos dias de hoje, melhorando e fornecendo constantemente mais informações para uma melhor compreensão da complexa via de biossíntese deste pigmento. Hoje em dia sabe-se que a fotossíntese *baseada em Chl* surgiu entre as eubactérias e atualmente encontra-se em eucariotas, cianobactérias e proclorófitas (**Xiong & Bauer, 2002; Willows, 2006; Chew & Bryant, 2007**). Apenas destacando alguns passos na biossíntese de *Bchl/Chl* que é um processo complexo multienzimático com vários passos que começa com 5- *ALA*, considerando o facto de que estes dois pigmentos partilham vários passos até à formação da *Chl* (**Bauer, *et al.*, 1993; Bollivar, *et al.*, 1994; Castelfranco, *et al.*, 1994**). O penúltimo passo na biossíntese da *Chl* é a redução da ligação dupla *C17=C18* no *anel D* da estrutura do tetrapirrol, transformando o protoclorofilídeo (*Pchlide*) em clorofilídeo (*Chlide*). Esta reação é catalisada por duas enzimas não relacionadas, denominadas Protoclorofilídeo Oxidorredutases (*DPOR* e *LPOR*) (**Kannangara *et al.*, 1988**; **Suzuki & Bauer, 1995[b]** ; **Schoefs & Franck, 2003**; **Yang & Cheng, 2004**; **Beale, 2005; Reinbothe, *et al.*, 2010**), que serão analisadas mais adiante neste trabalho. O último passo na síntese de *Chl* é catalisado pela *Chl* sintetase que esterifica a cadeia lateral do ácido propiónico do *anel D* com um ou outro pirofosfato de fitilo, com posterior redução das ligações duplas nas posições 6, 10 e 14, como é preferido nos etioplastos para criar a cauda de fitol (**Rüdiger, *et al.*, 1980; Zsebo, *et al.*, 1984**; **Burke *et al.*, 1993**; **Papenbrock, *et al.*, 1997; Lebedev e Timko, 1998; Papenbrock, *et al.*, 2001**).

Mas a *Bchl* difere da *Chl* nos substituintes do *anel A* e do *anel B* (**Figura 6**) e nos passos da *Chlide* para a qual é exclusiva das eubactérias púrpuras e verdes (**Heyes, *et al.*, 2008**), com duas etapas biossintéticas adicionais, uma é a conversão de um anel de clorina em um anel de bacterioclorina, pela redução do *anel B* (**Figura 6**) e outra é a modificação do grupo *C-3-vinil* em um grupo acetil, transformando *Chlide a* em *Bchlide a*. A etapa final da via *Bchl* envolve a esterificação do bacterioclorofilídeo (*Bchlide*) *a* catalisada pela enzima *Bchl* sintase (**Bollivar et al, 1994; Suzuki, *et al.*, 1997**). A esterificação da cadeia lateral de propionato do *anel D* com fitol, um álcool isoprenóide *C20*, é geralmente a última etapa da biossíntese de *Bchl*, embora ocorram outras modificações do macrociclo tetrapirrólico para gerar, por exemplo, o *Chl b*

(**Porra,** ***et al.*****, 1996, Freer,** ***et al.*****, 1996 Suzuki,** ***et al.*****, 1997; Santana,** ***et al.*****, 2002; Beale, 2005; Schoefs & Bertrand 2005**). Estas alterações estruturais têm efeitos especiais sobre as propriedades espectrais destes compostos, permitindo-lhes absorver a luz infravermelha para realizar a fotossíntese anoxigénica (**Nomata,** ***et al.*****, 2006**[b]), mas também actuam como "par especial" para conduzir a transferência de electrões fotossintéticos no *RC* (**Blankenship, 2002**). A biossíntese de *Bchl a* envolve duas enzimas do tipo nitrogenase: A Protoclorofilídeo Oxidorredutase (*DPOR*), dependente de luz, com semelhanças significativas com a nitrogenase (**Fujita, 2000; Nomata,** ***et al.*****, 2005**) e a outra, Clorofilídeo *a* Oxidorredutase (*COR*), que também apresenta grandes semelhanças com a nitrogenase (**Igarashi & Seefeldt, 2003**). Catalisa a redução estereoespecífica do *anel B* do Cloreto *a* (**Nomata,** ***et al.*****, 2006**[b]), uma reação quimicamente semelhante à redução do *anel D* da dupla ligação *C17=C18* (**Figura 6**) do *Cloreto* a para formar *Cloreto* (**Suzuki,** ***et al.*****, 1997**).

1.1.3 Tipos de clorofila/bacterioclorofila

Até à data, foram encontrados diferentes tipos de *Bchls/Chls*, que se distinguem basicamente devido a pequenas diferenças na sua estrutura química que alteram algumas características, como o comprimento de onda de captação de luz (**Kannangara** ***et al.*****, 1988**; **Beale, 2005**). A *Chl* mais abundante é a *Chl a*, que é necessária para a formação de *RCs* fotossintéticos e complexos de colheita de luz e é sintetizada a partir de glutamil-tRNA. *A Chl a* tem um grupo formilo nas posições *C7, C3* e *C2*, respetivamente, e estas alterações nos substituintes periféricos do anel pigmentar alteram a absorvância da luz visível das diferentes *Chls*, o que confere vantagens selectivas aos organismos fotossintéticos que as possuem, principalmente plantas e cianobactérias **(Li,** ***et al.*****, 2012).** *A Chl a* também transfere energia de ressonância no complexo antena, terminando no *RC* onde se localizam *Chls* específicas P680 e P700 (**Papageorgiou e Govindjee, 2004**), difundindo-se ao nível da insaturação afectando o sistema de ligações duplas conjugadas (**Scheer, 1991**: **Burke,** ***et al.*****, 1993; Chew & Bryant, 2007 Harada,** ***et al.*****, 2012**). *Chl b* (segundo mais abundante) funciona como pigmento acessório, estando exclusivamente localizado nos complexos pigmento-proteína de colheita de luz de *PS I* e *PS II* é sintetizado a partir de *Chl a* no último passo da biossíntese de *Chl* (**Beale, 1999**), e um pigmento menor de colheita de luz em muitos fototróficos oxigenados contendo *Chl a* (**Larkum & Howe, 1997; Xu,** ***et al.*****, 2016**). Enquanto os tipos *a* e *b* estão amplamente distribuídos nas plantas superiores, o tipo *c* encontra-se nas diatomáceas, dinoflagelados e algas castanhas, e o tipo *d* de *Chl* encontra-se nas algas vermelhas. O rácio de *Chl a* (*C55H77O5N4Mg*):

Chl b (*C55H70O5N4Mg*) é necessária para a regulação do tamanho da antena fotossintética **(Jansson, 1994; Oster, *et al.*, 2000; Tatsuru, *et al.*, 2003).** Com exceção da *Chl c*, que é um grupo de pigmentos naturais nos sistemas de antenas fotossintéticas de algumas algas, quimicamente, ambas as *Chls* são clorinas, tetrapirróis cíclicos reduzidos contendo magnésio com um quinto anel isocíclico adicional. A presença de substituições do grupo formilo nas cadeias laterais de *Chl a* resulta nas diferentes propriedades de absorção de *Chl b*, *Chl d* (em algumas cianobactérias) e *Chl f* (em algumas cianobactérias), o que faz com que estes derivados de substituição de formilo apresentem diferentes desvios espectrais de acordo com a posição de substituição de formilo (**Miyashita *et al.*, 1996; Chen, *et al.*, 2010; Chen, 2014**).

Além disso, a *Bchl* divide-se em muitos tipos diferentes, que diferem no que respeita aos substituintes do anel tetrapirrolo, daí as suas diferentes propriedades de absorção. *Bchl a* , *Bchl b*, e *Bchl g*, e *Chl a* em *Chls*, mas hoje em dia o número é atualizado, quantificando um maior número de *Chls* (*a, b, c, d, f*) e *Bchls* (*a, b, c, d, f, j, u*). São classificados de acordo com as suas diferenças em relação aos substituintes do anel tetrapirrólico, e as suas diferentes propriedades de absorção resultam de enzimas de ação tardia que os fototróficos oxigenados utilizam para a absorção de diferentes comprimentos de onda, tendo cada um dos tipos destes pigmentos apenas ligeiras diferenças na gama de absorção de comprimentos de onda (**Chew & Bryant, 2007; Li, *et al*, 2012; Frigaard & Bryant, 2004; Saga, *et al.*, 2010; Chen & Blankenship, 2011**; **Hohmann-Marriott & Blankenship, 2011; Harada, *et al.*, 2012).** Com base em modificações no macrociclo do tetrapirrol, foram identificados até à data pelo menos 14 tipos principais de *Bchls / Chls* em bactérias clorofotróficas, que conferem vantagens específicas para a captação de luz em determinados nichos ecológicos (**Chew & Bryant, 2007**). *A Chl a é* a mais abundante de todas e também a mais bem estudada, está presente nos complexos de captação de luz de quase todos os organismos fotossintéticos oxigenados, incluindo plantas superiores, algas e cianobactérias (**Bjorn, *et al.*, 2009**). A Bchl *b* na proteobactéria encontra-se num estado redox intermédio entre as clorinas e as bacterioclorinas, sendo que o grupo 4-etil da *Bchl a* é substituído por um etilideno. A *Bchl a* difere da *Bchl b* nas estruturas químicas que ocorrem na posição *c8*, onde *a Bchl a* tem um grupo etil e a *Bchl b* um grupo etilideno. Por outro lado, existe o *Bchl e* que é o único pigmento formilado na posição *c7*. *Bchl c*, *Bchl d* e *Bchl e* são encontrados em *GSB* e *Bchl g* é encontrado em *Heliobacteriaceae* (**Blankenship & Matsuura 2003; Tamiaki, *et al*, 2007; Chen, 2014**) e podem formar estruturas auto-agregadas nos clorossomas (**Frigaard & Bryant, 2004; Saga, *et al.*, 2010)**, resultando em bandas de absorção máxima deslocadas para o vermelho, como se mostrou acima. As enzimas específicas de *Bchls* (*a*, *b*, *c*, *d*, e *e*), são ainda pouco conhecidas, exceto a C_{20} metiltransferase *Bch u*, que opera na biossíntese de *Bchl c* (**Maresca, *et al.*, 2004; Harada, *et al.*, 2005; Tsukatani, *et al.*, 2015**). Cada pigmento *Bchl / Chl* tem um carácter de absorção distinto nas regiões do ultravioleta, visível e infravermelho próximo, que depende da estrutura molecular (**Tamiaki, *et al.*, 2007**).

1.1.4 Captação de luz de clorofila/bacterioclorofila

Como mencionado anteriormente, os pigmentos fotossintéticos (*Chl*, *Bchl*) são responsáveis pela absorção da luz no processo de fotossíntese, onde interacções cromóforo-proteína específicas no complexo enzima-substrato promovem a fotorredução de *Pchlide* a *Chlide* (**Green, *et al.*, 2004**; **Dietzek, *et al.*, 2009**). Os *PSs* nas *RCs* fotoquímicas, estão presentes simultaneamente nas membranas dos organismos fotossintéticos oxigenados, mas nos organismos fototróficos não oxigenados, geralmente têm apenas um tipo. Cada *PS* tem a sua própria capacidade máxima de absorção do espetro luminoso em torno de 680nm (Peso) no *PS II* e 700nm (P700) *PS I* do espetro luminoso (**Deisenhofer & Norris, 1993; Groce *et al.*, 1996; Amunts, *et al.*, 2010; Caffarri, *et al.*, 2014**), *conferindo* vantagens específicas para os nichos ecológicos particulares dos organismos clorofotróficos. Os *Bchls / Chls* são pigmentos tetrapirrólicos *de Mg*, que servem como uma classe de moléculas chave de deteção de luz de organismos fototróficos, desde bactérias fotossintéticas até plantas superiores (**Gao, *et al.*, 2009**). Além disso, possuem um sistema de antenas periféricas com propriedades espectrais, determinadas pelas disposições e ambientes dos seus pigmentos, que aumentam a capacidade de captação de luz, que é considerada a principal função das antenas fotossintéticas. Com a absorção dos fótons incidentes garantem que a energia de excitação seja eficientemente transferida para os *RCs* fotoquímicos (**Caffarri, *et al.*, 2014**), que também estão envolvidos na regulação do processo fotossintético (**Horton, *et al.*, 1996;Green, *et al.*, 2004; Caffarri, *et al.*, 2014**). Estes pigmentos têm a capacidade de utilizar a maior parte da radiação solar que atinge a Terra, desde o UV *próximo* (~350nm) até ao infravermelho próximo (~1050nm), mas é mais precisa a absorção da parte visível do espetro de luz, colhida a partir dos comprimentos de onda azuis até ao infravermelho próximo nos comprimentos de onda de ~400nm a ~700nm. Os diferentes comprimentos de onda do espetro têm diferentes níveis de energia, sendo que quanto maior o comprimento de onda, menor a energia (**Chew & Bryant, 2007; Harada, *et al.*, 2012**). Para ser mais específico, existem dois tipos de bandas de absorção, a banda *Q*, que absorve na região do vermelho distante do espetro luminoso, e a outra banda, a banda *Soret, que absorve* na região do azul, *perto* do UV, do espetro visível. A banda Soret tem um comprimento de onda mais curto do que a *banda Q* (*Q/Soret*), sendo que cada pigmento tem a sua banda específica: Chl *a* (660.s/429.6 nm), *Chl b* (642.2 e 453.0 nm em éter dietílico), *Chl c*, *Chl d* (6s5.s/445.s nm), e *Chl F* (694.5/439.5 nm). Os *Bchl/Chl, que absorvem* e canalizam a energia para os *RC*, desempenham a sua segunda função: a separação fotoquímica de cargas para criar oxidantes e redutores fortes, enviando electrões de baixo potencial através da cadeia de transporte de electrões. Quando um fotão é absorvido, um *Bchl/Chl* é excitado para o estado excitado singleto, o estado tripleto excitado de um *Bchl/Chl* pode interagir com o oxigénio molecular, que é um tripleto no seu estado fundamental, gerando as espécies extremamente reactivas de oxigénio singleto que podem levar a danos foto-oxidativos de proteínas, cromóforos e lípidos de membrana (**Harada, *et al.*, 2012**). E as bactérias fotossintéticas anoxigénicas contêm os seguintes tipos de *Bchl*: *Bchl a* (430/663nm), *Bchl b* (835/850, 1020/1040), *Bchl c* (750-760/460 nm), *Bchl d* (730/450nm), *Bchl e* (710-720/520nm), *Bchl f* (705/510 nm), *Bchl g, Bchl j, Bchl u,* cada uma com o seu respetivo comprimento de onda de absorção. A presença de vários tipos de *Chls* e *Bchls* permite ao organismo fotossintético captar a luz solar em diferentes comprimentos de onda para aumentar a entrada de energia luminosa e a composição pigmentar dos organismos fotossintéticos oxigenados (**Chew & Bryant, 2007; Li, *et al.*, 2012; Frigaard & Bryant, 2004; Saga, *et al.*, 2010; Chen & Blankenship, 2011; Harada, *et al.*, 2012 Chen, 2014**). Para utilizar um espetro tão amplo de comprimentos de onda de luz, *as Bchls/Chls* desenvolveram diversas estruturas de antena, por exemplo, ficobilissomas, clorossomas ou complexos *carteno-Bchl/Chl* (**Green, *et al.*, 2004; Harada, *et al.*, 2012**). Estas diversidades das propriedades provêm dos grupos funcionais, e também das enzimas da via principal, que estabelecem a assimetria na espinha dorsal dos isoprenóides **(Chew & Bryant, 2007)**, por exemplo, os *GSBs* contêm organelos característicos de colheita de luz, chamados clorossomas, que contêm grandes quantidades de *Bchls c, d,* ou *e* (**Martinez-Planells, *et al.*, 2002; Saga, *et al.*, 2007)**. O passo da 8-vinil redutase é o passo mais precoce na biossíntese de *Bchl* / *Chl* que leva à diversidade química nesta classe de moléculas, por exemplo, o *Prochlorococcus sp.* aumentou a absorção de luz azul devido à presença do grupo vinil nas suas *Bchls/Chls* (**Nagata, *et al.*, 2005**).

1.1.5 Biossíntese de *Chl* e *Bchl*, as enzimas

1.1.5.1 DiVinil Reductase (*DVR*)

1.1.5.1.1 Origem, estrutura e mecanismo

Quase todos os *Bchl/Chls* utilizados para a colheita de luz têm um grupo etil na posição *C8* do macrociclo de tetrapirrolo que é produzido pela redução de um grupo vinil (8V), catalisado pela enzima Divinil Reductase (**Canniffe, *et al.*, 2014**). A enzima Divinil Reductase (*DVR*) foi detectada pela primeira vez em membranas plastidiais isoladas (**Tripathy & Rebeiz, 1988**) e requer *NADPH* para a sua atividade (**Parham & Rebeiz, 1992; Chew & Bryant, 2007; Canniffe, *et al.*, 2013**). O passo da 8- vinil redutase é o primeiro passo na biossíntese de *Chl* que leva à diversidade química de algumas moléculas relacionadas com a colheita de luz, neste caso (*DVR* EC 1.3.1.75), em *Bchls/Chls* [exceto algumas estirpes *de Prochlorococcus* e *heliobactérias* (*Bchl G*)] há um aumento da absorção de luz azul devido à presença destes grupos vinil nas suas *Chls* (**Nagata, *et al.*, 2005**). Existe um grupo etilo na posição 8 do *anel B* (**Figura 6**) que é reduzido pelo *DVR,* cuja reação catalisada é representada por:

$$\textbf{\textit{divinil Chlide a + NADPH + H}}^{+} \textbf{\textit{ = Chlide a + NADP}}^{+}$$

A atividade da *DVR* depende estritamente da disponibilidade de *NADPH,* é específica para divinil *Chl a*, e funciona na conversão de divinil *Pchlide a* em monovinil *Pchlide a* e é catalisada por uma [*4-vinil*] *Pchlide a* redutase (**Tripathy & Rebeiz, 1988**). Com base nos requisitos do redutor e na especificidade do substrato, existem duas 4-vinil redutases diferentes envolvidas na redução do *DVR* e do divinil *Chlide a* aos seus respectivos análogos 4-etil (**Parham & Rebeiz, 1992**). Ao pesquisar *a DVR* nas diferentes bases de dados disponíveis na Internet, também se pode encontrar esta enzima com outros nomes, por exemplo, Di-Vinil Reductase, Divinil *Clídeo a* 8-vinil-redutase; (4- vinil) *Clídeo a* redutase; *4VCR Clídeo a* Reductase. Estes nomes diferentes constituem uma dificuldade acrescida quando se está a procurar informação, mas, daqui em diante, neste trabalho, será apenas "*DVR*". *A DVR* desempenha um papel importante na luz do dia durante a conversão de 2,4- divinil *Pchlide/Chlide a* (divinil *Pchlide/Chlide a*) em 2-vinil, 4-etil *Chlide a* (mono vinil *Chl a)* na rota biossintética de *Chl* (**Tripathy & Rebeiz 1988; Parham & Rebeiz, 1992; Rebeiz, *et al.*, 1999**). *O DVR* apresenta motivos de ligação previstos para uma flavina e um aglomerado de ferro-enxofre (**Nagata, 2005**). O grupo etil na posição *C8* (*8E*) do macrociclo é produzido pela redução de um grupo vinil (*8V*), catalisada por uma *8VR* (8V redutase), resultando na produção de um pigmento *8E* (**Canniffe, *et al.*, 2014**). *A DVR* é subdividida em duas subunidades: *BciA* e *BciB. Estas subunidades* têm amplas especificidades de substrato, fazendo com que estas especificidades e actividades variem de acordo com as diferentes espécies, e permitem a esta enzima reduzir o *C8-vinil* de diferentes intermediários da via. É totalmente dependente da presença de um ião metálico divalente quelatado, especialmente Mg^{2+} (**Bollivar *et al.*, 1994; Partensky, *et al.*, 1999; Ermakova-Gerdes & Vermaas 1999; Wang, *et al.*, 2013**). O espetro *UV-vis* tinha um pico de absorção largo em torno de 400 nm, típico de aglomerados *Fe/S*, com características adicionais em 389 e 426 nm que são normalmente observadas em proteínas contendo flavina (**Saunders, *et al.*, 2013**).

1.1.5.1.2 Modelação da estrutura

Foi proposto um modelo estrutural para o *BciB* baseado numa estrutura recente para a subunidade *FrhB* da [*Nif E*]-hidrogenase *redutora F420* de *Methanothermobacter marburgensis* (**Saunders *et al.*, 2013**). As sequências proteicas do *DVR* têm domínios conservados para os locais *de* ligação *ao NAD(P)H* (*dobras de Rossmann* "*GxGxxG*") e a família *SDR* (short-chain dehydrogenase-reductase) *NCBI* Conserved Protein Domain Family cd05243: *SDR_a5*) denominada "subgrupo 5 atípico de *SDR*" (*SDR_a5*). O motivo conservado de *ligação a NAD(P)H GxxGxxG* que está presente em quase todas as sequências de proteínas *DVR*, usadas neste trabalho (todas as entradas pertencem a Algas, Cianobactérias, e à *Oriza sativa*), há presença de dois *SDR_a5* conservados, e o estranho é que há o caso da *Oriza sativa* (*indica* e *japonica*), que é o único organismo que pertence às Angiospérmicas que tem este perfil, e outro caso é que o *SDR_a5* está ausente nas bactérias, exceto nas Cianobactérias, e adicionalmente, os elementos na região *C-terminal* têm tipicamente um motivo de ligação a cofactores *TGxxGxxG*, um *SDRs* multidomínio como os domínios cetorredutase da sintase de ácidos gordos com um motivo *de ligação a NAD(P) GGxGxxG* e um motivo de sítio ativo alterado (*YxxxN*) (**Rescigno & Perham, 1994; Sousa, *et al.*, 2012; Ito & Tanaka, 2014**).

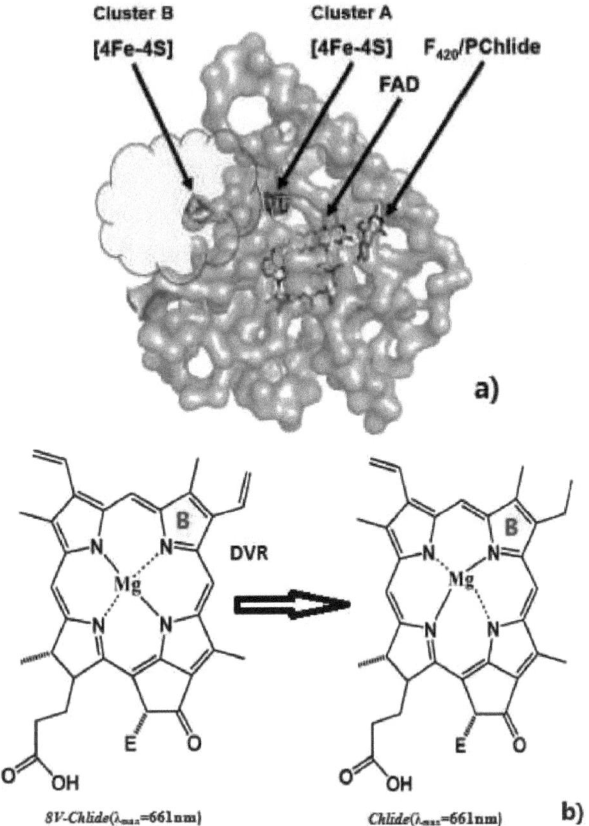

Figura 1) a) Modelo para *Chp. thalassium BciB* (Saunders *et al.*, 2013), b) Representação esquemática do passo *DVR*

1.1.5.1.3 As subunidades *BciA* e *BciB*

O DVR é dividido em dois tipos de *subunidades* (***BciA*** e ***BciB***) *na* ***Figura 1)a),*** sendo *BciA* identificado pela primeira vez em *Arabidopsis thaliana* e, posteriormente, seu ortólogo, *BciB* sendo encontrado pela primeira vez em *Chlorobaculum tepidum* **(Nagata, *et al.*, 2005; Nakanishi, *et al.*, 2005; Chew & Bryant, 2007; Islam, *et al.*, 2008; Ito, *et al.*, 2008).** A sua distribuição pelas bactérias clorofotróficas sugere que estes genes são transferidos horizontalmente (**Saunders, *et al.*, 2013**). *O BciA* tem um local de ligação ao ligando que utiliza *NADPH* como dador de electrões, também codifica uma *8V-PChlide* reductase que utiliza *NADPH* como redutor e catalisa a reação (**Jornvall, *et al.*, 1995;**

Partensky, *et al.*, 1999; Ermakova-Gerdes & Vermaas, 1999; Masuda & Takamiya 2004; Chew & Bryant, 2007; Kavanagh, *et al.*, 2008; Persson, *et al.*, 2009; Liu & Bryant, 2011; Saunders, *et al.*, 2013; Ito & Tanaka, 2014). Na biossíntese de *Bchl a*, *BciA* e *BciB* utilizam 8V-Chlide *a* ou 8V-PChlide *a* como substrato (**Harada *et al.*, 2014**). A família de proteínas *BciA* é muito bem conservada entre várias espécies de plantas (**Nagata *et al.*, 2005**) e bactérias púrpuras (**Canniffe *et al.*, 2013**), sendo conservada em um grau muito maior dentro do *GSB*, mas não é universalmente distribuída entre *GSB* (**Chew & Bryant, 2007**). A *BciB* diferentemente da *BciA*, necessita de um dador de electrões adicional, a ferredoxina, juntamente com o *NADPH* (**Saunders, *et al.*, 2013**) para a sua atividade e é também uma flavoproteína contendo o cluster *Fe/S* e está presente em alguns organismos pertencentes a Chlorobia, Cyanobacteria, Eukaryotes e Proteobacteria (**Ito *et al.*, 2008; Islam *et al.*, 2008**). Tem três cofactores redox: um cofator *FAD* e dois cofactores [*4Fe-4S*] (**Islam, *et al.*, 2008; Ito, *et al.*, 2008; Bryant, *et al.*, 2012; Sousa, *et al.*, 2012; Saunders, *et al.*, 2013; Ito & Tanaka 2014**). *BciA* e *BciB* são activas mesmo em condições aeróbias (**Chew & Bryant, 2007**), e um estudo recente com *Rodobacter sphaeroides* (**Canniffe, *et al.*, 2014**) descobriu que *BciB* está localizada tanto na membrana tilacoide como na fração solúvel, enquanto *BciA* só é detectada na fração membranar. Algumas *GSB* são conhecidas por terem os genes *BciA* e *BciB*. Mas algumas bactérias como: as espécies filamentosas de fotótrofos anoxigénicos *Roseiflexus*, *Blastochloris viridis produtora de* BchlB e *Heliobacterium modesticaldum* produtora *de BChl g* não possuem *DVR*, produzem *Bchl a* normal 8-etilado e $C._8$ que é diretamente convertido no grupo etilideno C_8 na via biossintética destes pigmentos (**Sattley, *et al.*, 2008; Tsukatani, *et al.*, 2013; Harada, *et al.*, 2014**).

1.1.5.2 Protoclorofilídeo oxidoredutase dependente da luz (*LPOR*)

1.1.5.2.1 Origem

Admite-se que a enzima Protoclorofilídeo (*Pclídeo*) Oxidoredutase (*LPOR*) dependente da luz surgiu nas cianobactérias e evoluiu há cerca de 2 mil milhões de anos **(Suzuki & Bauer, 1995; Yang & Cheng, 2004)**, criando os primeiros fotossintetizantes oxigenados, que também se admite serem responsáveis pela oxigenação da atmosfera terrestre **(Bankenship, 2002)**. A enzima *LPOR* surgiu sob fortes pressões selectivas para uma enzima que não fosse afetada pelo oxigénio **(Reinboth, *et al.*, 1996; Yamazaki, *et al.*, 2006)** e depois espalhou-se para outros organismos como os fototróficos anoxigénicos (**Kaschner, *et al.*, 2014)** através de transferência horizontal

(**Kaschner, *et al.*, 2014; Hunsperger, *et al.*, 2015**). Isso oferece evidências de uma estreita associação dos plastídeos de algas haptofíticas e estramenópilas (**Hunsperger, *et al.*, 2015**) e acredita-se que *o LPOR* foi introduzido em células proto-plantas durante a simbiose primária (**Masuda, *et al.*, 2009**). A *LPOR* foi observada pela primeira vez em angiospermas de crescimento escuro, cujas folhas amarelas etioladas não conseguiam produzir *Chl*, indicando um componente dependente da luz para a via de biossíntese (**Griffiths, 1978**). Após a descoberta, a atividade da *LPOR* foi encontrada em vários grupos de organismos fotossintéticos, desde as cianobactérias, até às plantas superiores, incluindo as algas verdes, e a maioria das plantas não vasculares e vasculares, sendo o único mecanismo utilizado para a formação de *Chl* nas angiospérmicas (**Fujita, 1996; Armstrong, 1998, Yang & Cheng, 2004; Masuda & Takamiya, 2004**). Mas recentemente foi relatada a presença de *LPOR* na bactéria anoxigénica *Dinoroseobacter shibae*, possivelmente obtida a partir de cianobactérias (**Wagner-Dobler, *et al.*, 2010; Kaschner *et al.*, 2014**). Nas bibliografias/base de dados, *o LPOR* pode ser encontrado com nomes ligeiramente diferentes como: LightDependent Protochlorophyllide Reductase; *NADPH:* Protoclorofilídeo Oxidoreductase, Protoclorofilídeo Reductase; NADPH2-Protoclorofilídeo Oxidoreductase, Protoclorofilídeo Oxidoreductase; Protoclorofilídeo Fotooxidoreductase e *Clorofilídeo-a*: $NADP^{+}$ 7, 8-Oxidoreductase. Tinha, nas bases de dados de proteínas, o número de Enzima (EC) 1.6.99.1, mas atualmente o número de referência na base de dados de Proteínas (*ExPASy*, *KEGG*) é EC 1.3.1.33. A *LPOR* catalisa a redução dependente da luz de *Pchlide* a *Chlide* (**Ogawa, *et al.*, 1973**) na biossíntese de *Chl/Bchl*, na reação final, que diferencia as angiospérmicas do resto dos organismos fotossintéticos (**von Wettstein, *et al.*, 1995**). A formação da estrutura de cloro de *Chl a a* partir de *Pchlide* é um passo chave da reação reguladora, porque catalisa a adição trans dependente da luz de um hidrogénio de *NADPH* ao átomo de carbono (***Chlide a + NADP(+) <=> Pchlide + NADPH***) que transporta o lado propiónico através da redução estereoespecífica da ligação dupla *C17=C18* do *anel D* (**Figura 6**) de *Pchlide* para produzir *Chlide* (**Ogawa, *et al.*, 1973**; **Griffiths, 1978**; **Apel, *et al.*, 1980**; **Lebedev e Timko 1998**; **Lebedev e Timko 2002**; **Masuda & Takamiya, 2004**; **Nomata, *et al.*, 2014**; **Hunsperger, *et al.*, 2015**). A utilização do próprio *Pchlide* como fotorreceptor (**Koski, *et al.*, 1951**) conduz a uma profunda transformação nestes desenvolvimentos (**Ogawa, *et al.*, 1973; Wilks & Timko, 1995; Suzuki & Bauer, 1995; Fujita, 1996; Armstrong, 1998; Massuda & Takamiya, 2004; Suzuki & Bauer, 1995; Gabruk & Mysliwia-Kurdziel, 2015**).

Na *LPOR*, que pode ser encontrada em três "versões" denominadas "isoformas"

(*PorA*, *PorB* e *PorC*), a reação ocorre através de uma transferência de hidreto altamente endergónica, impulsionada pela luz, da coenzima *NADPH* para a posição C_{17} da molécula de *Pchlide*, seguida de uma transferência exergónica de protões termicamente activada de um resíduo conservado de *Tyr* para a posição C_{18} de *Pchlide* (**Heyes & Hunter, 2002; Heyes *et al.* 2011**; **Menon *et al.*, 2016**). É também a enzima responsável pelo esverdeamento das angiospérmicas porque é a única *Pchlide* redutase a operar em angiospérmicas (**Fujita, 1996; Armstrong, 1998**; **Massuda & Takamiya, 2004; Sytina, *et al.*, 2008**), que só começa a atuar quando é desencadeada pela luz. *O LPOR* desempenha um importante papel regulatório no desenvolvimento das angiospermas, pois funciona como um portão na via biossintética que permite a síntese de *Chl* apenas quando a planta é iluminada (**Suzuki & Bauer, 1995).** De acordo com **Yang & Cheng (2004),** antes da divergência dos organismos fotossintéticos eucarióticos, os eucariotos fotossintéticos obtiveram seus homólogos de *LPOR* através de transferência gênica endossimbiótica, comprovando a constatação de **Suzuki & Bauer, 1995**), que defendiam que *a LPOR* evoluiu antes do advento da fotossíntese eucariótica e que *a LPOR* não surgiu para cumprir uma função necessária quer pela evolução endossimbiótica do cloroplasto quer pela multicelularidade; pelo contrário, evoluiu para cumprir um papel fundamentalmente autónomo da célula. A adição de hidrogénio ao *anel D* da ligação dupla C_{17}=C_{18} da *Pchlide* leva à formação de *Chlide*. Esta reação pode ser catalisada por duas enzimas complementares diferentes, uma que requer luz (enzima independente da luz *Pchlide* reductase *"LPOR"*) e outra, a enzima independente da luz *Pchlide* reductase "*DPOR"* que não necessita de luz para funcionar (**Suzuki & Bauer, 1992; Fujita, 1996; Lebedev & Timko, 1998; Armstrong, 1998; Heyes *et al.*, 2008; Chen, 2014**). Relativamente à manutenção do *LPOR* nas Angiospérmicas, **Adamson** foi o primeiro a admitir (**1997**) que as Angiospérmicas tinham perdido genes *LPOR*. Apesar de algumas espécies serem capazes de sintetizar *Chl* no escuro, na altura não se conhecia o mecanismo utilizado (**Adamson, *et al.*, 1997**), e mais tarde, estudos com *Rhodomonas salina CCMP1319* mostraram que as subunidades *ChlL*,*ChlB*, e *ChlN* pseudogenes foram encontradas no genoma plastidial deste organismo (**Khan, *et al.*, 2007**). Isto prova que ainda existem vestígios de *DPOR* nas Angiospérmicas, estas descobertas vieram contrariar vários autores (**Fujita, 1996; Armstrong, 1998; Fujita & Bauer, 2003**) que postulavam que as Angiospérmicas tinham apenas a enzima *LPOR*.

1.1.5.2.3 Estrutura e mecanismo

A enzima *LPOR* é uma proteína globular que é codificada pelo gene *Por*, no núcleo, onde é traduzida como uma proteína precursora no citosol e depois transportada para os plastídeos (**Apel, *et al.*, 1980**; **Apel, 1981**). *A LPOR* é composta por um único polipéptido que pertence à família *SDR* **(Wilks & Timko, 1995; Masuda & Takamiya 2004)** e também à superfamília de enzimas "*RED*" (Reductase, Epimerases, Dehydrogenases) (**Wilks & Timko, 1995; Reinbothe, 1995**[a] **; Masuda & Takamiya 2004**). O mecanismo catalítico inicia-se com a absorção de um fotão (absorção máxima 638-650 nm), criando uma separação transitória de cargas através do *C17=C18* (**Figura 6**), que promove uma transferência ultra-rápida de hidretos da face pro-S do *NADPH* para o *C17* da *Pchlide* (**Heyes, *et al.*, 2006**), com um hidrogénio que é armazenado da água ou da proteína para o átomo *C* que transporta o grupo metilo **(von Wettstein, *et al.*, 1995)**. Esta reação fotoquímica, que requer luz e *NADPH* (como cofator) para a molécula *de Pchlide*, juntamente com a fotossíntese oxigenada **(Griffiths, 1978; Lebedev & Timko, 1999, Masuda & Takamiya 2004**). Num contexto biológico, esta reação induzida pela luz provoca alterações profundas no desenvolvimento morfológico das plantas, o que resulta na modificação e reorganização das suas membranas plastidiais (**Lebedev & Timko, 1999; Masuda & Takamiya 2004; Scrutton *et al.*, 2012**). Em plantas etioladas, *a LPOR* existe predominantemente como um complexo ternário em redes altamente organizadas de membranas tubulares denominadas corpos prolamelares (**Sundqvist & Dahlin, 1997; Frank *et al.*, 2000**). Após a iluminação e a formação de *Chlide*, há uma desintegração dos agregados, resultando na dispersão destes corpos prolamelares que leva à formação do cloroplasto (**Zhong *et al.*, 1996**). A acumulação dos complexos *LPOR* e *Pchlide* permite a produção de *Chl* rapidamente na presença de luz, possibilitando a formação do aparelho fotossintético (**Solymosi & Schoefs, 2010**). Embora a enzima *LPOR* seja insensível ao oxigénio, tem o seu próprio ponto fraco, que consiste no facto de só estar ativa quando o seu substrato pigmentar absorve luz (**Griffiths, *et al.*, 1996**) e, portanto, não pode facilitar a síntese de *Chl* no escuro (**Hunsperger, *et al.*, 2015).**

1.1.5.2.2 Modelação da estrutura

Para além do grande esforço de muitos autores para obter a estrutura cristalográfica da enzima *LPOR*, não existe até agora nenhuma estrutura cristalina para a *LPOR*. Por esse motivo, as características estruturais e os resíduos do sítio ativo que são importantes para a fotoquímica e a catálise, uma compreensão molecular detalhada do ciclo catalítico de femtossegundos a segundos, as características estruturais da *LPOR* e os resíduos do sítio ativo que contribuem para a ativação da luz e a dinâmica da reação, são atualmente desconhecidos (**Menon *et al.*, 2016**). Mas estudos estão a ser feitos usando ferramentas especialmente de Bioinformática na análise das semelhanças de alinhamentos de sequência de proteínas, modelos de previsão de estrutura secundária (**Dahlin, *et al.*, 1999**; **Townley, *et al.* 2001**), homologia de sequência e identidade de pares e estudos mutagénicos com alguns organismos, principalmente: *Pisum Sativum* (**Martin *et al.* 1997; Dahlin, *et al.*, 1999**), *Synechocystis sp.* (**Townley *et al.*, 2001**), *R. capsulatus* (**Lebedev e Timko, 2002**), *Thermosynechocystis elongates* (**Menon *et al.*, 2016**) revelaram várias características essenciais das proteínas *LPOR*.

O primeiro modelo de homologia do *LPOR* foi proposto a partir de *Synechocystis* (**Figura 2**), com base na homologia do *LPOR* com a superfamília *SDR* e em experiências de fluorescência do triptofano (**Townley, *et al.*, 2001**), mas outros precursores (**Lebedev e Timko 1998; Dahlin *et al.*, 1999**) iniciaram esta viagem para a descoberta da estrutura/funções do *LPOR,* trazendo importantes contributos que estão a ser utilizados desde então para a descoberta da estrutura.

Até à data, sabe-se que, devido à utilização de enzimas das famílias *RED* e *SDR* estreitamente relacionadas como modelo estrutural, estes modelos de homologia sugerem que a estrutura *da LPOR* consiste numa folha *β* paralela central numa conformação torcida flanqueada por 9 *a-hélices* revestidas por *7β-fitas* (**Masuda &Takamiya, 2004**). As extensões de algumas das hélices centrais fornecem a fenda de ligação ao *Pchlide*, onde o *YxxxK*, que é um motivo de ligação ao substrato, foi incluído como parte de uma *a-hélice* que resulta em resíduos *Tyr* (*Y*) e *Lys* (*K*) que estão dispostos no sítio catalítico estabiliza o complexo enzima-cofator-substrato onde o *Tyr* doa um protão ao *Pchlide* durante a reação enzimática (**Wilks & Timko, 1995**; **Menon, *et al,* 2009; Menon, *et al.*, 2010**). Esta reação é essencial para a ligação do cofator nucleótido *NADPH* (**Birve, *et al.*, 1996; Kavanagh, *et al.*, 2008)** que interage com a molécula de *Pchlide* **(Lebedev e Timko 1998; Dahlin *et al.*, 1999; Townley *et al.*, 2001; Lebedev e Timko 2002). (Lebedev e Timko 1998; Dahlin *et al.*, 1999; Townley *et al.*, 2001; Reinbothe *et al.*, 2003**; **Gabruk & Mysliwia-Kurdziel, 2015; Menon *et al.*, 2016**). As características estruturais comuns incluem um motivo *de ligação ao NADPH* rico em glicina *Gly-x-x-x-Gly-x-Gly* como parte da chamada *dobra de Rossman*, que está localizada perto da região *N-terminal* e permite a previsão de alguns domínios estruturais importantes para a associação da enzima com outros componentes subcelulares para a sua atividade catalítica, incluindo a identificação do centro de reação enzimática putativo e do local de ligação ao substrato (**Wilks & Timko, 1995; Baker, 1994; Townley *et al,* 2001; Lebedev e Timko, 2002; Yang & Cheng, 2004; Masuda & Takamiya 2004; Kavanagh, *et al.*, 2008; Nomata, *et al.*,**

2014; Garrone *et al.*, 2015; Menon *et al.*, 2016). *O NADPH*, o cofator da reação (**Griffiths, 1978**), **ligado à** enzima, protege um ou mais dos resíduos *de Cys* conservados na enzima contra modificações químicas (**Oliver e Griffiths, 1981**).

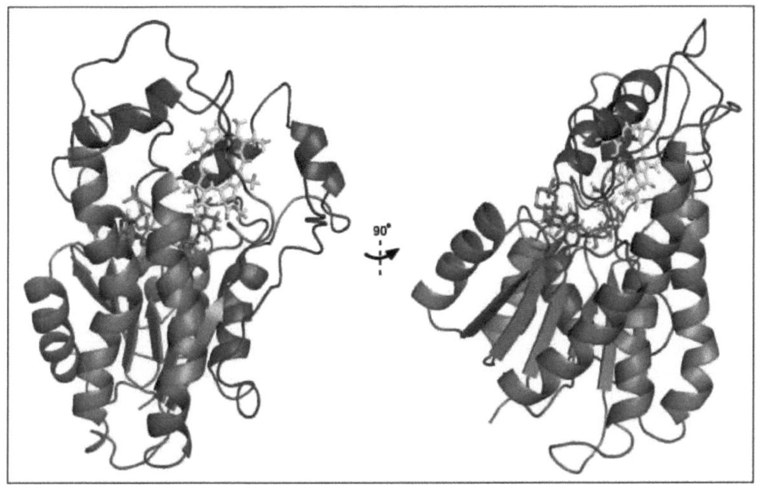

Figura 2) Modelo de homologia da *LPOR* proposto por Townley *et al.* (2001). N-terminal-verde, C-terminal-vermelho e inserção, com estrutura "hélice-volta-fio" azul (Townley *et al.*, 2001).

1.1.5.2.3 As isoformas *PorA, PorB* e *PorC*

Foram identificadas três isoformas diferentes de *LPOR* (*PorA, PorB* e *PorC*) no invólucro plastidial, que variam em número e tipo, especialmente entre as plantas. Por exemplo, em *Hordeum vulgare* e *Nicotiana tabacum* existem duas isoformas distintas: *PorA* e *PorB* (**Masuda *et al.*, 2002**), enquanto *Arabidopsis thaliana* tem os três genes *LPOR* (**Armstrong, *et al.*, 1995; Holtorf, *et al.*, 1995; Reinbothe, *et al.*, 1995[a]** ; **Reinbothe, *et al.*, 1995[b]** ; **Reinbothe, *et al.*, 1996*;* Aronsson et al., 2000; Su, *et al.*, 2001**; **Pattanayak & Tripathy, 2002**; **Masuda, *et al.*, 2003; Reinbothe, *et al.*, 2004**; **Frick *et al.*, 2003; Masuda *et al.*, 2003; Masuda e Takamiya, 2004; Paddock *et al.*, 2010**). Estas isoformas diferem notavelmente no seu padrão de expressão durante o desenvolvimento da planta (**Holtorf, *et al.*, 1995; Holtorf, *et al.*, 1996; Reinbothe, *et al.*, 1995[b]**) e nas especificidades de substrato (**Reinbothe, *et al.*, 1999**; **Reinbothe, *et al.*, 2003**). O significado fisiológico das diferentes isoenzimas é 75% semelhante. Foi proposto que elas são necessárias em diferentes estágios de esverdeamento em plantas, e duas das isoformas, *PorA* e *PorB*, formam *Pchlide* de colheita de luz de alto peso molecular, sendo que cada isoforma está presente em quantidades diferentes e se liga a um substrato diferente, tendo *PorA* e *PorB* em uma proporção de 5:1, em que cinco proteínas *PorA*, cada uma ligada a uma molécula de *Pchlide b*, para uma proteína *PorB* ligada a *Pchlide a* (**Lebedev & Timko, 1999; Reinbothe & Lebedev, 1999**). Ambas permitem que a síntese de *Chl* ocorra rapidamente, mesmo sob baixas intensidades de luz. Também foi demonstrado que *PorA* e *PorB* usam vias diferentes para importação (**Reinbothe, *et al.*, 2000**), enquanto o transporte de *PorA* é *dependente de Pchlide* e ocorre através de um sítio de importação único, a absorção de *PorB* ocorre através do sítio de importação geral (**Aronsson, *et al.*, 2000**; **Samol, *et al.*, 2011**). No entanto, alguns organismos que podem formar *Chl* no escuro (*Chlamydomonas rheinhardtii* e *Synechocystis sp. PCC6803*) contêm apenas um único gene *codificador de LPOR* (**Li & Timko, 1996; He *et al.*, 1999; Lebedev & Timko, 1999**).

As isoformas *da LPOR* são reguladas diferencialmente pela luz e apresentam diferentes padrões de regulação da luz e do desenvolvimento (**Armstrong, *et al.*, 1995**). *A PorA* actua exclusivamente durante as fases iniciais do esverdeamento e da formação de membranas fotossintéticas funcionais nos cloroplastos em desenvolvimento, onde é altamente abundante em plantas etioladas e principalmente ativa durante a etiolação das plântulas, sendo a sua disponibilidade limitante da acumulação de *Chl* durante o crescimento sob luz vermelha intensa contínua. Mas com a luz a expressão é reprimida, resultando no seu desaparecimento seletivo (**Armstrong, *et al.*, 1995; Runge, *et al.*, 1996; Frick, *et al.*, 2003**). Enquanto *Por B* é expressa exclusivamente em plantas jovens e adultas, sustentando a biossíntese de *Chl* dependente de luz em plantas maduras totalmente esverdeadas na ausência de *Pchlide* foto transformável (**Armstrong, *et al.*, 1995**; **Runge, *et al.*, 1996**), portanto, é a enzima chave na síntese de *Chl* de plantas adaptadas à luz (**Reinbothe *et al.*, 1996; Holtorf, *et al.*, 1995; Reinbothe, 1995[b] ; Garrone *et al.*, 2015**). E, por fim, *PorC* tem sua expressão fortemente induzida pela luz e também está envolvida na via de sinalização do etileno, sendo que seu *mRNA* se acumula apenas após o início da iluminação (**Su, *et al.*, 2001; Sperling, *et al.*, 1997**).

PorA e *PorB* contêm peptídeos de trânsito *NH2-terminais* estruturalmente distintos que direcionam os precursores para as diferentes maquinarias de importação de proteínas no envelope do cloroplasto (**Reinbothe *et al.*, 1999; Aronsson, *et al.*, 2000**; **Samol, *et al.*, 2011**), tendo *PorB* uma afinidade de ligação 5 vezes maior para *Pchlide* e uma eficiência catalítica cerca de 6 vezes maior (**Garrone *et al.*, 2015**). *POR A* e *POR B* apresentam uma homologia de sequência muito elevada (**Buhr, *et al.*, 2008**), indicando que as diferenças na função catalítica dificilmente podem ser atribuídas a diferenças marcantes na sua estrutura à primeira vista (**Garrone *et al.*,**

2015).

1.1.5.2.4 *LPOR* e luz

A LPOR é um modelo importante para o estudo da dinâmica de enzimas activadas pela luz e de como a energia luminosa pode ser aproveitada para potenciar a catálise biológica (**Heyes *et al.*, 2012**; **Menon *et al.*, 2016**), porque depende completamente da luz para a sua atividade (**Reinbothe & Reinbothe, 1996; Suzuki, *et al.*, 1997; Timko, 1998**). A quantidade e a qualidade da luz afectam a capacidade catalítica desta enzima. *A LPOR* absorve a energia luminosa através de *Pchlide* que tem máximos de absorção nas regiões vermelha e azul do espetro luminoso (**Koski & Smith, 1948)**, o que permite a atividade catalítica (**Heyes & Hunter, 2005**). Estes complexos *LPOR Pchlide* de captação de luz fazem parte da estrutura dos corpos prolamelares, com vários lípidos também envolvidos na estrutura global do corpo prolamelar (**Gunning, 2001**) e ligam tanto *o NADPH* como *a Pchlide.* Mas a redução não ocorre até que a molécula *de Pchlide* absorva os dois fótons necessários, onde o primeiro fóton ativa o complexo enzima-substrato, um segundo fóton subsequente inicia a fotoquímica, desencadeando a formação de um intermediário catalítico (**Suzuki, *et al.*, 1997; Sytina, *et al.*, 2010**) sendo o aminoácido *Tyr* absolutamente necessário (**Lebedev, *et al.*, 2001**). A *LPOR* é uma das duas únicas enzimas conhecidas que requerem luz para a catálise; a outra é a *DNA* fotoliase (**Fujita, 1996**). O facto de *a LPOR* ser uma enzima que necessita de luz significa que a catálise pode ser iniciada iluminando as amostras a baixas temperaturas. Desta forma, certas etapas da fotorredução podem ser congeladas, permitindo a identificação de intermediários na via de reação (**Heyes *et al.*, 2002; Heyes *et al.*, 2003; Heyes e Hunter, 2004**). Durante a reação, a molécula *de Pchlide* desempenha a função de fotorreceptor e após a iluminação. Há uma transferência muito rápida de um hidreto do *NADPH* para a *Pchlide* seguida da libertação de *Chlide* (**Lebedev & Timko, 1999**) que é gerada pela fotorredução da *Pchlide* na enzima *LPOR*, que também é altamente foto-oxidativa. Mas a fotooxidação é minimizada neste caso pela ligação do intermediário *Chlide* a proteínas do aparelho fotossintético, onde é protegido por carotenóides quando as plantas são expostas a intensidades de luz superiores às que podem ser utilizadas no transporte fotossintético de electrões. Isso leva ao estresse foto-oxidativo do aparato fotossintético e a dissipação não-fotoquímica da energia de excitação é induzida como um mecanismo de fotoproteção do *PS II*, destacando o importante papel da *LPOR* na fotoproteção contra danos foto-oxidativos (**Horton *et al.*, 1996; Schoefs & Franck, 2003**; **Masuda & Takamiya (2004)**. No escuro, as enzimas *LPOR* são inactivas e formam complexos ternários estáveis com ambos os substratos *Pchlide* e *NADPH* (ou *NADP*$^{+}$) (**Lebedev e Timko, 1999; Belyaeva, *et al.*,**

2001; Heyes & Hunter, 2002; Heyes, *et al.*, 2003). O *Pchlide* é espectralmente heterogéneo, com diferentes picos de absorção e fluorescência que podem ser divididos em três grupos: o primeiro, formas de comprimento de onda curto com máximos de emissão entre 625-646 nm, tem uma natureza heterogénea e é constituído por quatro componentes. O segundo inclui as formas de *Pchlide de comprimento de* onda longo e absorve a 652 e 657 nm. E o terceiro encontra-se na região do vermelho extremo (670-730 nm) dos espectros de emissão de fluorescência e inclui várias formas de pigmento com bandas espectrais de baixa intensidade (**Fujita, *et al.*, 1998; Amirjani, 2010**). A captação de luz é uma estratégia maravilhosa e complexa, um dos factores desencadeantes da evolução de quase todos os organismos, que continua a fascinar e a suscitar muita curiosidade porque ainda há muito por descobrir e compreender melhor.

1.1.4.3 *Pchlide* Oxidoreductase dependente da luz (*DPOR*)

1.1.4.3.1 Origem

A DPOR foi estudada pela primeira vez em bactérias púrpuras (**Yang & Bauer**), onde se reconheceu que era essencial para a síntese de *Bchl* no escuro, depois de se ter observado que os organismos produtores de bacterioclorofila não necessitam de luz para a sua síntese, pelo que surgiu este nome para a enzima (**Yang & Bauer, 1990; Bauer, *et al.*, 1993**). *A DPOR* é uma enzima do tipo nitrogenase com também três subunidades *B, L* e *N* (**Yang & Bauer 1990; Burke, *et al.*, 1993; Suzuki, *et al.*, 1997; Armstrong, 1998; Fujita & Bauer, 2000; Nomata, *et al.*, 2005; Nomata, *et al.*, 2006[a] ; Muraki, *et al.*, 2010**), que codificam subunidades putativas da *DPOR* (**Burke, *et al.*, 1993; Bollivar, *et al.*, 1994**), que são codificadas pelos genes *Bchl* (*BchB, BchL* e *BchN*) em genomas de bactérias fotossintéticas ou pelos genes ortólogos *Chl* (*ChlB, ChlL* e *ChlN*) nos genomas plastidiais de eucariotas fotossintéticos. É amplamente aceite que *a DPOR* surgiu pela primeira vez em bactérias fotossintéticas anoxigénicas, provavelmente evoluindo a partir de genes relacionados com a nitrogenase, e foi a única *Pchlide* redutase para a biossíntese de *Chl* em cianobactérias ancestrais antes de aproximadamente 2,7 mil milhões de anos atrás (**Fujita, 1996; Fujita & Bauer, 2003; Blankenship, 2002; Knoll, 2003; Grula, 2008; Muraki, *et al*, 2010**), sendo dependente do *ATP* e sensível ao oxigénio (**Fujita & Bauer, 2000; Blankenship, 2001**). Está amplamente distribuída nos organismos fotossintéticos tornando-os capazes de sintetizar *Bchl* e *Chls* no escuro, desde as primitivas bactérias fotossintéticas anoxigénicas onde é a única enzima fotossintética (**Xiong, *et al.*, 1998**), mas em: cianobactérias, fetos, musgos, algas e gimnospérmicas tanto *a DPOR* como *a LPOR* estão presentes **(von Wettstein, 1995; Fujita, 1996, Armstrong, 1998; Fujita & Bauer, 2003).**Percorrendo a evolução dos organismos, mesmo mantendo domínios altamente conservados (**Nomata, *et al.*, 2005; Watzlich, *et al.*, 2009; Muraki, *et al.*, 2010), nota-se** que o *DPOR* está a sofrer alterações "suaves" com o tempo, o que no futuro pode diminuir significativamente a sensibilidade ao oxigénio. Os genes *DPOR* permanecem localizados no cloroplasto, quando presentes, sendo estes três genes perdidos em muitos organismos fotossintéticos (**Hunsperger, *et al.*, 2015**).

A chamada *Pchlide* OxidoReductase (*DPOR* ou *LIPOR*) (EC 1.3.7.7) é a outra enzima que efectua a redução (***Pchlide a + ferredoxina reduzida** + 2 **ATP** + 2 H_2O* = ***Chlide a** + **ferredoxina oxidada** + 2 **ADP** + 2 **fosfato***) do penúltimo passo da biossíntese de *Bchl/Chl*, (**Galperin, *et al.*, 1998**), a *DPOR* catalisa a mesma reação estéreo-específica de ligação dupla *C17=C18* do *anel D da Pchlide* (**Figura 6**) para formar *Chlide a* na ausência de luz **(Fujita, 1996; Armstrong, 1998)** em organismos fotossintéticos oxigenados (**Nomata, *et al.*, 2006[a]**). As três subunidades estão divididas em dois complexos proteicos, a *proteína L* (homodímero *BchL/ChlL*) e a *proteína NB* (um heterotetrâmero *BchN-BchB/ ChlN- ChlB)* **(Nomata, *et al.*, 2005; Nomata, *et al.*, 2006[b] ; Fujita & Bauer, 2000; Fujita & Bauer, 2003; Nomata *et al.*, 2008).** Estudos evolutivos afirmam que *a DPOR* tem vindo a desaparecer no percurso evolutivo das plantas, desde as gimnospérmicas às angiospérmicas **(Ohyama, *et al.*, 1988; Suzuki & Bauer, 1992; Yamada, *et al.*, 1992; Burke[3] , *et al.*, 1993; Fujita, 1996; Armstrong, 1998; Ji, *et al.*, 2001; Chen, 2014)** e uma das razões, segundo **Kusumi, *et al.*, (2006),** pode ser a baixa temperatura. Mas isto não foi confirmado experimentalmente até agora, e também o facto de que a via dependente da luz para reduzir *Pchlide* pode conferir uma vantagem selectiva em certos ambientes para as angiospérmicas.

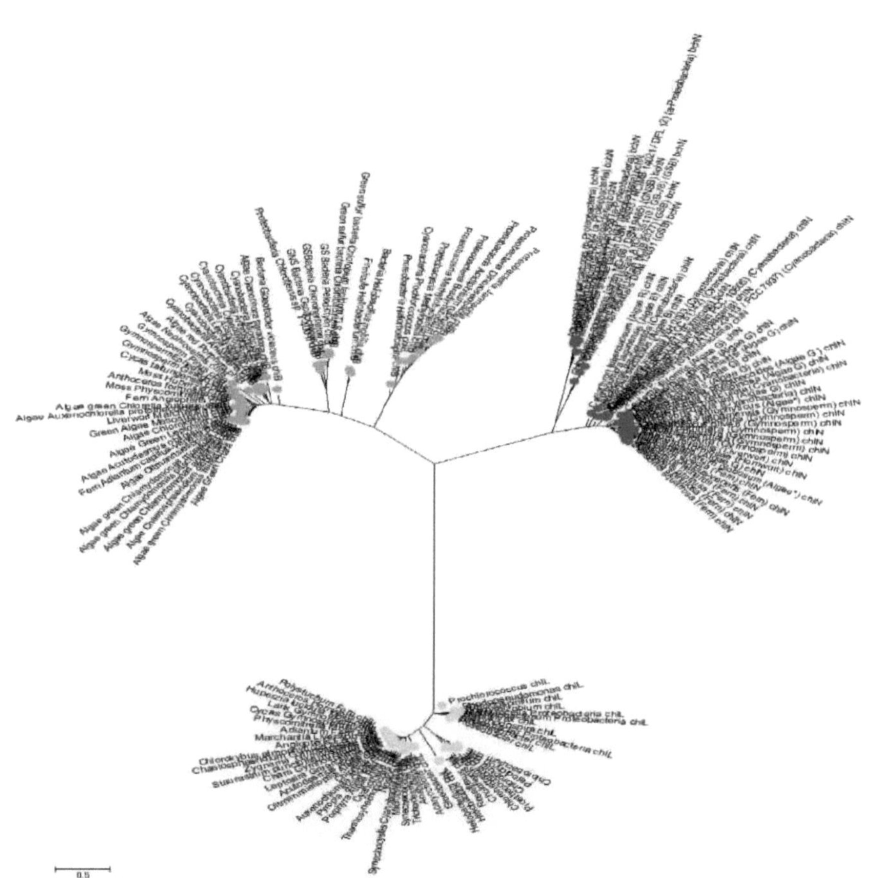

Figura 3) Árvore filogenética das subunidades *DPOR* (*B, L* e *N*) diferenciadas pelas cores: azul, amarelo e roxo, respetivamente. Árvore com 150 entradas de enzimas *DPOR* (50 para cada subunidade) gerada usando o método de junção de vizinhos com o pacote de software *MEGA 6*.

1.1.5.3.2 Estrutura e mecanismo

Os estudos de cristalografia de raios X, de ressonância paramagnética eletrónica e de mutagénese das três subunidades *B, L* e *N da DPOR* (**Figura 3**) mostram que esta enzima está dividida em dois complexos proteicos a *proteína L* (homodímero *BchL/ChlL*) que é um componente redutor. *A DPOR* é um dador de electrões *dependente do ATP*, em ambas as condições: hidrólise e redutor específico para o outro componente catalítico, o complexo proteico *NB* (heterotetrâmero *BchN-BchB/ ChlN-ChlB*). Fornece os centros catalíticos para a redução da dupla ligação da redução do *Pchlide* no *anel D* (**Nomata, *et al.*, 2005; Nomata, *et al.*, 2006[b] ; Fujita & Bauer,**

2000; Fujita & Bauer, 2003;

Nomata *et al.*, 2008), confirmado pela **Figura 3** e **Figura 4**, onde as subunidades *N* e *B* são mais semelhantes do que a subunidade *L* pela distância entre elas na árvore filogenética. Estes dois componentes separáveis: *L-proteína* e *NB-proteína*, estão estruturalmente relacionados com a *Fe-proteína* (um homodímero *NifH*) e *MoFe-proteína* (um heterotetrâmero *NifD- NifK*) da nitrogenase, respetivamente **(Armstrong, 1998)**. Estas semelhanças na disposição espacial, especialmente da *proteína NB* e da *proteína MoFe*, ilustram a existência de uma arquitetura comum para reduzir as multibandas quimicamente estáveis de porfirina e dinitrogénio (**Muraki, *et al.*, 2010**). Tal como a nitrogenase, a holoenzima *DPOR* contém aglomerados *Fe-S* que conferem sensibilidade ao oxigénio, em que um único eletrão é transferido do aglomerado [*4Fe-4S*] da *proteína L* para o *BchNB/ChlNB e* é transferido diretamente para o substrato *Pchlide* no local ativo da *DPOR, uma* reação semelhante à do aglomerado [*4Fe- 4S*] da *proteína Fe* para o *aglomerado P* da *proteína MoFe* no complexo da nitrogenase **(Goodwin *et al,* 1998; Fujita & Bauer, 2000; Watzlich, *et al.*, 2009; Broker, *et al.*, 2010b)**. No entanto, esta reação é potencialmente perigosa em condições ricas em oxigénio porque o radical do substrato seria uma fonte de espécies reactivas de oxigénio que causariam danos graves às células (**Imlay, 2006**). Mas também foi sugerido que *a proteína L* poderia funcionar para detetar a pressão parcial de oxigénio em resposta ao ambiente luminoso, fornecendo assim uma ferramenta molecular para passar da redução *de Pchlide sensível ao oxigénio* para a redução *de Pchlide* insensível ao oxigénio, mas quando a subunidade da *proteína L* é interrompida, inativa a via dependente do escuro da biossíntese de *Chl*, levando a um fenótipo "amarelo no escuro" (**Suzuki & Bauer, 1992; Cerutti, *et al,* 1995; Nomata, *et al.*, 2014**) (**Fujita, *et al.*, 1989; Liu, *et al.*, 1993; Yang & Bauer, 1990**; **Suzuki, *et al.*, 1997**; **Armstrong, 1998; Fujita & Bauer, 2000; Nomata, *et al,* 2005; Nomata, *et al.*, 2006**[a] **; Shi & Shi, 2006; Sarma, *et al.*, 2008; Yamamoto, *et al.*, 2009**; **Muraki, *et al.*, 2010; Brocker, *et al.*, 2010**[a] **; Moser, *et al.*, 2013)**. A estrutura da *proteína L* foi determinada pela primeira vez com uma resolução de 1,6 A (**Sarma *et al.*, 2008),** mostrando que a distância mais curta entre um *aglomerado NB* e *Pchlide* é de 10,0 A, o que é suficientemente próximo para permitir a reação de transferência de electrões através do espaço (**Page, *et al.*, 1999)**. Cada *proteína NB* fornece os locais catalíticos para a redução de *Pchlide* e transporta um par de aglomerados [*4Fe-4S*] que mediariam entre o aglomerado de *proteína L* e *Pchlide* (**Nomata, *et al.*, 2008**; **Nomata, *et al.*, 2014**).

Nos organismos fotossintéticos oxigenados (exceto as angiospérmicas), a *DPOR* funciona como a enzima determinante que medeia o esverdeamento no escuro, mas as bactérias fotossintéticas anoxigenadas utilizam a *DPOR* como a única *Pchlide* redutase na biossíntese *do Bchl* (**Xiong, *et al.*, 1998**). A análise cristalográfica do complexo da *proteína L* e da *proteína NB* da *Prochlorococcus marinus* sugeriu que uma molécula de água imediatamente acima do $_{C18}$ é o dador direto de protões para o $_{C18}$ em vez do *C17-propionato* na *proteína NB* (**Moser, *et al.*, 2013**), no entanto, a contribuição da molécula de água ainda não foi provada experimentalmente como sendo crítica para a redução *de Pchlide* no *DPOR*, também, os resultados obtidos até agora no *R. capsulatus DPOR* apoiam o mecanismo de reação do *C17-propionato* como doador de protões para $_{C18}$ (**Nomata, *et al.*, 2014**). O mecanismo de reação envolve uma ligação única de Aspartato (*Asp*) que não é necessariamente necessária para a montagem do aglomerado mas é essencial para a atividade catalítica e a transferência inicial de um único eletrão para o substrato que é seguida pela transferência de protões da cadeia lateral *Asp* $_{274}$ e da cadeia lateral de propionato que produz um radical catião do pigmento, para o qual um segundo eletrão pode ser transferido pela mesma via descrita acima (**Muraki *et al.*, 2010; Nomata *et al.*, 2014**).

Tal como observado em plântulas verdes de algumas gimnospérmicas cultivadas no escuro, a reação mediada pelo radical *Pchlide* desempenha um papel crítico no esverdeamento de muitos organismos fotossintéticos que habitam ambientes com luz limitada (**Yamamoto, *et al.*, 2011**).

1.1.5.3.3 Estrutura cristalina

A estrutura cristalina da *DPOR* foi obtida separadamente com uma diferença de tempo de cerca de dois anos, sendo a subunidade da *proteína L* obtida de *R. sphaeroides* com uma resolução de 1,6 A (**Sarma *et al.*, 2008**) e a subunidade do complexo da *proteína NB* (**Figura 4**) obtida de *R. capsulatus* com uma resolução de 2,3 A e 2,6 A, respetivamente (**Muraki *et al.*, 2010**). A *proteína L* foi cristalizada pela primeira vez com o *MgADP* ligado ao local de ligação *do MgATP*, juntamente com o aglomerado [4Fe-4S], que é altamente conservado e apresenta uma elevada semelhança estrutural com a *proteína Fe*, mas *a proteína L* não pode facilitar a transferência de electrões entre si e a *proteína MoFe* porque não se associa ao componente *MoFe* (**Sarma *et al.*, 2008**).

As proteínas *BchB* e *BchN* associam-se para formar um heterotetrâmero $_{BchB2\text{-}BchN2}$ que possui em cada interface (dímero *BchB-BchN*) um aglomerado [*4Fe-4S*] denominado: NB-cluster (**Figura 4**), que é coordenado por 3 resíduos *de Cys*, da *BchN*, e um resíduo de *Asp*, da *BchB*. Verificou-se que os resíduos de *Cys* são essenciais para a formação do complexo; no entanto, o resíduo de *Asp* não parece ter qualquer papel na formação do complexo, embora seja importante para a atividade enzimática (**Muraki *et al.*, 2010; Broker et al., 2010**). As cadeias laterais de dois resíduos da proteína *BchN*, Trp387 e Phe393 em *R. capsulatus,* são reorientadas significativamente aquando da ligação da molécula de *Pchlide*, formando parte desta cavidade hidrofóbica que já se sabia ser uma caraterística da molécula *de Pchlide* na estrutura ligada ao substrato. A região central da *a-hélice C-terminal* de *BchB* fica parcialmente desenrolada após a ligação ao substrato, o que permite a interação de Met408, Gly409 e Leu410 desta região com a molécula *de Pchlide*, actuando como uma "tampa" para a bolsa de ligação onde também faz parte o domínio *C-terminal* do heterodímero vizinho *BchB-BchN*, numa estrutura de "troca de domínios" (**Reinbothe *et al.*, 2010**). Há uma cavidade de ligação que distorce o propionato *C17* da molécula de *Pchlide*, o que faz com que se posicione quase perpendicularmente ao plano do anel porfirínico, permitindo que o *Pchlide* actue como seu próprio dador de protões para a posição *C18*, enquanto *a Asp* 274, do *BchB*, aparece como dador de protões para a posição *C17* (**Muraki *et al.*, 2010**).

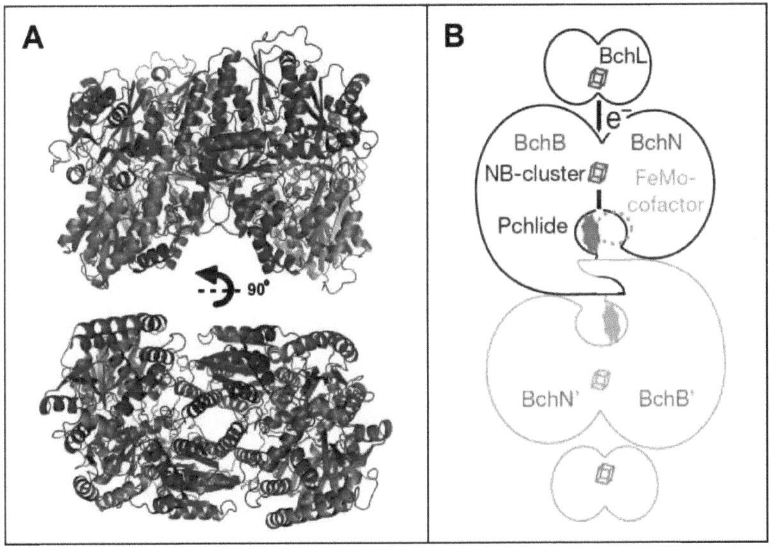

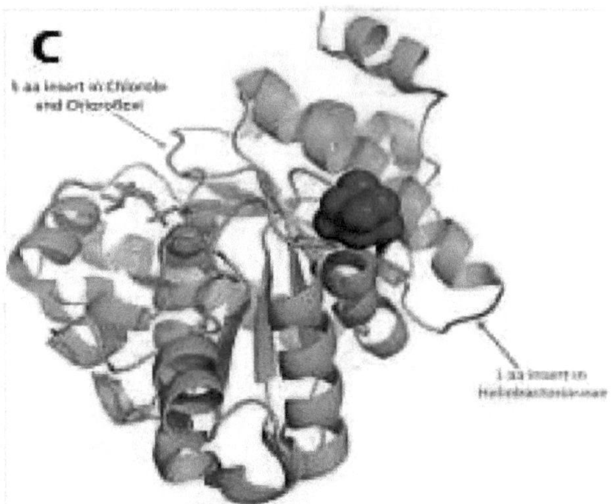

Figura 4) A) Estrutura da *proteína NB* com as subunidades B a vermelho e as subunidades N a verde. B) Modelo esquemático que indica como *as proteínas L* e *NB* podem associar-se. C) Estrutura da *proteína L* de *R.sphaeroides* (Sarma *et al.* 2008; Muraki *et al.*, 2010).

1.1.5.3.4 Subunidades *ChlB/ BchlB*, *ChlL/ BchL* e *ChlN/ BchlN*

Como mencionado anteriormente, a *DPOR* tem três subunidades (**Figura 3**) organizadas em dois complexos proteicos; a *proteína L* e os complexos *da proteína NB* (**Nomata, *et al.*, 2005; Nomata, *et al.*, 2006[a] ; Muraki, *et al.*, 2010**). Alguns autores (**Fujita, *et al.*, 1989; Liu, *et al.*, 1993; Fujita & Bauer, 2000**) propuseram o ciclo de reação da *proteína L*, com base na análise de uma variante *da proteína L* dirigida ao local e de um inibidor *da ATPase*, e pode funcionar para detetar a pressão parcial de oxigénio em resposta ao ambiente luminoso, fornecendo assim uma ferramenta molecular para passar da redução de *Pchlide* sensível ao oxigénio para a redução de *Pchlide* sensível ao oxigénio (**Brocker, *et al.*, 2010a; Reinbothe, *et al.*, 2010b**). Além disso, utilizando um novo inibidor específico, a nicotinamida, foi também proposto um ciclo de reação da *proteína NB* que consiste em 10 passos (**Skinner & Timko, 1998**), como se segue: 1) a *proteína NB* oxidada liga-se à *Pchlide*; 2) a *proteína L* reduzida que é reduzida pela ferredoxina (**Oosawa, *et al.*, 2000**) liga-se ao complexo *NB-proteína-Pchlide*; 3) é transferido um eletrão para o *aglomerado NB* (que é acoplado à hidrólise *do ATP* pela *proteína L*); 4) a *proteína L* oxidada é libertada da *proteína NB*; 5) *a Pchlide* é reduzida pelo único eletrão do *aglomerado NB*; 6) a segunda *proteína L* reduzida liga-se à *proteína NB*; 7) o *aglomerado NB* é novamente reduzido pela segunda *proteína L*; 8) a redução de *Pchlide* é completada pela segunda transferência de electrões do *aglomerado NB*; 9) a *proteína L* oxidada é libertada; e, finalmente, o último passo, 10) onde o *Chlide* é libertado (**Nomata, *et al.*, 2014**). A atividade de formação de *Chlide* aumentou à medida que a concentração de *proteína L* aumentou (**Nomata, *et al.*, 2008**) porque aumenta a transferência de electrões para a subunidade do complexo *NB* com o requisito de hidrólise de *MgATP* e uma fonte de electrões, como o ditionito *em* ensaios *in vitro* (**Nomata, *et al.*, 2008; Sarma, *et al.*, 2008; Fujita & Bauer, 2000**). A purificação das subunidades de *DPOR* mostra que o seu peso molecular, em que a *ChlN/BchN* é de cerca de 73-79 *kDa*; a *ChlB/BchB* cerca de 56 - 59kDa e a *Chl/BchL* = 56-60kDa (**Watzlich, *et al.*, 2009; Sarma, *et al.*, 2008**).

1.1.5.3.5 *DPOR* e oxigénio

O nível vestigial de oxigénio atmosférico (cerca de 10^{-13} atm) nessa época (**Kasting, 1987**) não era suficiente para inibir a atividade da *DPOR*. No entanto, a evolução da fotossíntese oxigenada levou a um aumento gradual do nível de oxigénio atmosférico. O nível de oxigénio atingiu 0,03 atm entre 2,2 e 2,0 mil milhões de anos (**Rye & Holland, 1998**), causando a inibição da biossíntese de *Chl por* oxigénio nas cianobactérias antigas. O rápido aumento do nível global de oxigénio pode também ter impulsionado a evolução dos heterocistos para proteger a nitrogenase do oxigénio (**Tomitani, *et al.*, 2006**). *o* O_2 "envenena" o catalisador de ferro, impedindo-o de funcionar, e quando o nível de oxigénio é superior ao nível designado por ponto de Pasteur, que é de 0,3% (v/v), o nível a que a maioria dos aeróbios e anaeróbios facultativos existentes se adaptam da fermentação anaeróbia à respiração aeróbia (**Berkner & Marshall, 1965; Leigh, 1990; Runnegar, 1991**). A sensibilidade ao oxigénio das formas actuais e ancestrais da *DPOR não se* alterou com o tempo (**Blankenship, 2002**), o que pode ser comprovado pelo facto de que se *a DPOR* ancestral fosse mais sensível do que a *DPOR* atual, a evolução poderia ter ocorrido muito antes de 2,2 mil milhões de anos. Nas *proteínas L* da *DPOR,* os aglomerados *Fe-S* são o principal alvo do oxigénio molecular (**Nomarta, *et al.*, 2006[a] ; Yamamoto, *et al.*, 2009**), enquanto os aglomerados *Fe-S* das *proteínas NB* são muito menos vulneráveis ao oxigénio (**Muraki, *et al.*, 2010; Nomata, *et al.*, 2008; Brocker, *et al.*, 2010[a]**). Os organismos fotossintéticos oxigenados adquirem tolerância ao oxigénio não modificando e adaptando a *proteína L* ao aumento do teor de oxigénio na atmosfera da Terra, mas criando uma enzima sensível ao oxigénio que era *a LPOR* (**Reinbothe, *et al.*, 2010**). A baixa temperatura é vista como um dos factores-chave relacionados com a alteração da vantagem selectiva da *LPOR* (**Kusumi, *et al.*, 2006**), porque a exposição a baixas temperaturas bloqueia o *ciclo de Calvin* na fotossíntese, e é gerado um excesso de energia luminosa, que causa danos foto-oxidativos. Vários estudos têm vindo a confirmar cada vez mais a sensibilidade ao oxigénio caraterística da *DPOR*. Em **1998, Fujita *et al.*** mostraram que um mutante *sem LPOR*, designado *YFP12,* que tem *DPOR* como única *Pchlide* redutase, apresenta um fenótipo sensível ao oxigénio em condições de luz de alta intensidade e cresce apenas em condições de <3 % de oxigénio "Chlorophyll *Pasteur Point"* (**Yamazaki, *et al.*, 2006**). O "ponto de Pasteur", que é o ponto definido como o nível acima do qual a atividade da *Pchlide* redutase *DPOR* sensível ao oxigénio é funcionalmente insuficiente e a redutase *LPOR* tolerante ao oxigénio torna-se essencial para sobreviver (**Yamazaki, *et al.*, 2006**). *A DPOR deixa* de funcionar em condições em que a fotossíntese oxigenada é muito ativa e os níveis de oxigénio celular são muito elevados (**Yamazaki, *et al.*, 2006**). A irradiação em condições aeróbias promove a produção de espécies reactivas de oxigénio (*ERO*) nas células cianobacterianas, onde muitas *proteínas Fe-S* são inactivadas não só pelo oxigénio mas também por *ERO* como o superóxido (**Gardner, 1997**). Para fazer face ao oxigénio ambiental e endógeno e às espécies reactivas de oxigénio inevitavelmente geradas, as cianobactérias dispõem de mecanismos de proteção eficazes, como as catalases, as peroxidases e as superóxido dismutases (**Latifi, *et al.*, 2009**). Por exemplo, em Cynechocystis *sp.* PCC6803, as proteínas de aromatização do tipo A (*Flv1* e *Flv3*) são essenciais para a fotorredução do oxigénio em água, sendo prováveis candidatas à maquinaria de proteção *da DPOR* (**Helman, *et al.*, 2003**). Os mecanismos presumidos poderiam proteger do oxigénio não só *a proteína L*, mas também *a proteína NB;* após exposição ao ar, a diminuição gradual da atividade da *proteína NB* purificada é muito mais lenta do que a da *proteína L* (**Yamamoto, *et al.*, 2009**). *A DPOR* parece ter-se tornado dependente do mecanismo de proteção, em vez de ter evoluído para adquirir tolerância ao oxigénio, pelo que a presença de tais mecanismos para proteger *a DPOR* poderia contribuir para a persistência evolutiva da *DPOR* em organismos fotossintéticos oxigenados.

1.1.5.3.6 Desaparecimento do *DPOR* nas Angiospérmicas

É comummente aceite que as Angiospérmicas não têm *DPOR*, depois de vários autores (**Suzuki & Bauer, 1992; Fujita, 1996; Armstrong, 1998; Chen, 2014; Hunsperger, *et al,* 2015**) admitiram que as Angiospérmicas apenas têm *LPOR* mostrando que *as DPOR* se perderam no percurso evolutivo das plantas, das gimnospérmicas para as angiospérmicas em espécies como o arroz, o tabaco (**Suzuki & Bauer, 1992**), o lótus (**Ji, *et al.*, 2001**) o género *Thuja* (**Kusumi, *et al.*, 2006**), neste caso, devido a mutações não sinónimas de alguns dos genes *Chl*, o que é causado possivelmente pela baixa temperatura. As angiospermas, ao possuírem apenas a via dependente da luz para reduzir *o Pchlide*, podem conferir uma vantagem selectiva em determinados ambientes. Sabe-se também que organismos contendo *DPOR* podem ter cloroplastos funcionais no escuro e iniciar a fotossíntese quando expostos à luz (**Kusumi, *et al.*, 2006**). A acumulação de tetrapirróis deve ser acompanhada por uma proteção eficiente contra a fotorredução, e ainda que a irradiação pela luz solar (ao nascer do dia ou na germinação) de tais *Chl* produz oxigénio singlete e radicais de oxigénio, uma poderosa citotoxina e composto de sinalização, que são conhecidos por danificar o aparelho fotossintético (**Schoefs & Franck, 2003**; **Kim., *et al.*, 2008**). A sequenciação do genoma do cloroplasto revelou a perda ou degradação *do DPOR* em membros das algas clorofíticas, euglenóides e cloraracnófitas, bem como em algas rodofíticas e *CASH*, além disso, a perda desses genes está bem documentada para as angiospermas (**Fong & Archibald, 2008; Nymark, *et al.*, 2009; Ong, *et al.*, 2010; Nymark, *et al.*, 2013; Hunsperger, *et al.*, 2015**). A ocorrência da *LPOR* juntamente com a fotossíntese oxigenada sugere que esta enzima não só é importante como regulador chave da síntese de *Chl*, mas também desempenha um papel significativo na fotoproteção contra danos fotooxidativos (**Schoefs & Franck 2003**). **Armstrong (1998)** admitiu que a síntese de *Chl* na ausência de luz parece ser dispendiosa, mas a análise das proteínas *DPOR* em espécies de coníferas mostra evidências de seleção relaxada e perda de atividade enzimática (**Kusumi, *et al.*, 2006**). A ausência da *DPOR* faz com que as plantas necessitem de luz para a síntese de *Chl*, pelo que as plântulas de angiospermas cultivadas no escuro não conseguem acumular *Chl* e tornam-se amareladas (etiolação) (**Kusumi, *et al.*, 2006**). Uma análise comparativa de sequências completas do genoma plastidial indica que os genes *DPOR* foram perdidos dos plastídeos em algum momento durante a evolução inicial das angiospermas (**Martin, *et al.*, 1998; Martin, *et al.*, 2002**). Após a descoberta de genes para subunidades *DPOR* nos genomas plastidiais de diversas algas criptófitas, esses genes foram perdidos há relativamente pouco tempo em alguns membros de alguns organismos (*Guillardia theta*), mas ainda são mantidos noutros. A presença de pseudogenes *Chl* em *Rhodomonas salina CCMP1319* e *Chroomonas mesostigmatica* sugere que, embora estes genes/proteínas tenham sido muito provavelmente herdados diretamente do plastídeo da alga vermelha que deu origem ao organelo criptofítico, estão atualmente num estado de fluxo, presumivelmente permitindo que algumas criptófitas sintetizem *Chl* no escuro, mas não outras (**Khan, *et al.*, 2007; Fong & Archibald, 2008**). O ambiente de luz é um dos factores críticos que determinam o destino do *DPOR* (**Suzuki**

& Bauer, 1992; Fujita, *et al.*, 1996; Armstrong, 1998). Já sabendo que *o Pchlide* livre actua como um forte fotossensibilizador e produz oxigénio singlete, levando à morte celular (**Kim, *et al.*, 2008**), faz com que a ausência de *DPOR* seja um passo arriscado para as Angiospérmicas, e o caminho para a evolução das plantas não parece ter vantagem ao perder a *DPOR*. Mas alguns autores (**Robbelen, *et al.*, 1956; Adamson *et al.*, 1985; Wamsley 1991; Adamson, *et al.*, 1997; Yang, *et al.*, 1997, Armstrong, 1998; Yang, *et al.*, 2003; Khan, *et al.*, 2007**), sugeriram/mostraram que algumas Angiospermas ainda possuem genes *DPOR*. Pelo menos desde os anos 50, começaram as suposições da presença de algo mais nas angiospérmicas, não apenas *LPOR*, depois de detectado que as angiospérmicas podiam sintetizar *Chl* no escuro (**Robbelen 1956; Kupe e Huntington 1963; Boardman, 1966; Khan, *et al.*, 2007**), a partir daí, vários estudos para esclarecer essas suposições foram realizados. Em espécies como *Arabidopsis thaliana* (**Robebelen, *et al.*, 1956**), plântulas de *Triticum aestivum* (**Adamson *et al.*1985; Wamsley 1991**) e na folha primária de *Nelumbo nucifera* (**Yang, *et al.*, 1997**), *Rhodomonas salina CCMP1319* e *Hemiselmis andersenii CCMP644* (**Khan, *et al.*, 2007**), onde foram encontrados *ChlL*,*ChlB*, e *ChlN* que são pseudogenes de *DPOR*, no plastídeo, verificando-se assim que são capazes de sintetizar *Chl* na escuridão total (**Yang, *et al.*, 2003; Khan, *et al.*, 2007**), pelo que parece que esta falta de *DPOR* é/era progressiva, razão pela qual ainda está presente nas angiospérmicas.

A ausência do *DPOR* necessita de luz para a síntese de *Chl*, assim, plântulas de angiospermas de crescimento escuro, algumas algas e plantas terrestres que não florescem (a alga marrom *Odontella sinensis*, a euglenóide *Euglena gracilis*, a samambaia *Psilotum nudum*, e as gnetófitas *Welwitschia mirabilis*) não conseguem acumular *Chl* e tornam-se amareladas, também chamadas de etiolação. Mas há também casos como as plântulas de ginkgo e larício que crescem no escuro e não acumulam *Chl* ou têm baixos níveis de *Chl*, apesar de estas espécies terem genes *Chl* intactos (**Mariani, *et al.*, 1990; Chinn & Silverthorne, 1993; Richard, Tremblay & Bellemare, 1994; Karpinska, *et al.*, 1997; Armstrong, 1998**), o que pode sugerir que a síntese de *DPOR* pode ser menos importante do que a síntese de *LPOR*, não sendo essencial nalguns organismos fotossintéticos (**Armstrong, 1998**).

Do ponto de vista da evolução molecular, os genes *DPOR apresentam um* paradoxo, pois são extraordinariamente conservados (por exemplo, as proteínas *ChlB das* criptófitas partilham 70% de identidade de aminoácidos em mais de 500 aminoácidos com os seus homólogos cianobacterianos mais próximos) e, no entanto, parecem ser "opcionais" nos eucariotas fotossintéticos (**Fong e Archibald, 2008**). Mas até à data, ainda são necessários mais estudos para clarificar a presença de *DPOR* nas angiospérmicas, muitas perguntas continuam sem resposta.

1.1.5.4.1 Clorofilida a Reductase (*COR*)

1.1.5.4.1 Origem, estrutura e mecanismo

No início da evolução da fotossíntese, um tipo primitivo e indiferenciado de *DPOR/COR* divergiu da enzima ancestral comum para catalisar a redução de ambos os *anéis D* e *B* de *Pchlide* (**Figura 6**), formando *3VBChlide*, na biossíntese de *Bchl*, seguido por outro evento de duplicação de genes que gerou *DPOR* e *COR* com especificidade de substrato para o *anel D de Pchlide* e o *anel B de Chlide a*, respetivamente. As acções sequenciais destas duas enzimas converteram a porfirina em bacterioclorina, como se observa nas bactérias fotossintéticas contemporâneas. Numa linhagem que conduziu às cianobactérias, a perda de *COR* resultou num atalho da via biossintética de *Bchl* para *Chlide a*, o precursor direto de *Chl a*, para dar origem à via biossintética de *Chl a*. Esta alteração da via biossintética pode ter conduzido à mudança do pigmento fotossintético de *Bchl a* para *Chl a*, que forneceu a base molecular para a evolução da fotossíntese oxigenada (**Burke, *et al.*, 1993; Nomata, *et al.*, 2006[b]**). Na maior parte dos organismos fotossintéticos, a estrutura em anel da clorina da *Chl a* é formada pela redução do *anel D* da porfirina (**Figura 6**) pela *DPOR*. Subsequentemente, o *anel B da* clorina é reduzido na biossíntese da *Bchl* para formar 3-vinil ***Bchlide*** (***3-deacetil-3-vinil Bchlide a + A + ADP + fosfato = Chlide a + AH(2) + ATP + H(2)O***), que tem uma estrutura em anel de bacterioclorina (**Nomata, *et al*, 2006[b]**) pela enzima *Chlide* Oxidoreductase (*COR*: EC 1.3.99.15). *A COR* tem três subunidades: *bchX, bchY* e *bchZ* (**Burke, *et al.*, 1993**) e reduz a ligação dupla *C7=C8* do *Clídeo* (**Nomata, *et al.*, 2006[b] ; Tsukatani, *et al.*, 2013).**

O *COR* requer um dador de electrões (ditionito) e *ATP* e tem alterações estruturais que têm efeitos especiais nas propriedades espectrais destes compostos, permitindo-lhes absorver luz infravermelha para realizar a fotossíntese anoxigénica (**Nomata, *et al.*, 2006[b]**), tendo o seu produto, o máximo de absorção a ~734nm. Devido à ligação de uma cadeia de fitol, não causa qualquer efeito nas propriedades espectrais dos pigmentos de tetrapirrolo sem fitol. Na reação COR, o *3VBchlide* tem propriedades espectrais idênticas e é depois modificado na etapa seguinte, que é a conversão do grupo *C3-vinil* num grupo acetilo por *Bchl F* e *Bchl C*, produzindo *Bchlide a 3VBchl* (**Struck *et al.*, 1990; Nomata, *et al.*, 2006[b] ; Tsukatani, *et al.*, 2013**). Descobriu-se que *as COR* realizam uma dupla atividade, para além da redução da dupla ligação $C7=C8$, *as COR* da bactéria *utilizadora de Bchl a R. capsulatus*, também são capazes de reduzir o grupo 8V do *Clídeo sendo* assim consideradas a terceira classe de *DVR*, sendo a mais antiga delas. *COR* que geralmente realizam a atividade de *DVR* entre bactérias púrpuras, *GSB*, e fototróficos filamentosos anoxigénicos no processo de biossíntese de *Bchl a* (**Tsukatani, *et al.*, 2013; Harada, *et al.*, 2014**).

1.1.5.4.2 As subunidades *BchX, BchY* e *BchZ*

As subunidades *COR* estão estruturalmente organizadas em dois complexos catalíticos, um que combina o complexo heterotetrâmero *Y* e *Z* $(BchY/BchZ)_2$ que está em combinação com um subcomplexo homodimérico *X* *(BchX)* que funciona transferindo electrões para o outro componente catalítico de uma forma *dependente de ATP* (**Fujita & Bauer, 2000; Heyes, *et al*, 2002; Nomata *et al.*, 2005; Nomata, *et al.*, 2006[b] ; Watzlich, *et al.*, 2009; Fliihe, *et al.*, 2012**). *BchX* é um componente doador de electrões que possui dois ligandos cisteínicos completamente conservados, responsáveis pela quelação do *cluster Fe-S*, também responsáveis por resíduos chave envolvidos na ligação e hidrólise de *ATP* e pelo "*Walker motif A*". Esta conservação da sequência sugere que *BchX* funciona como uma redutase *dependente de ATP* para a proteína complexa *BchY/BchZ* que funciona como componente catalítico com maior semelhança de sequência e também forma um componente catalítico (*MoFe-proteína*) com metalocluster(s) ligeiramente diferente(s) (**Burke, *et al.*, 1993; Fujita & Bauer, 2003; Nomata, *et al.*, 2006[b]**). Diferentemente, *BchY* tem três *Cys* e *BchZ* apenas um *Cys* conservado e juntos *BchY* e *BchZ* formam um complexo equimolar, *BchY-BchZ*, denominado *proteína YZ,* e estes resíduos conservados estão envolvidos na quelação *do aglomerado P* na *proteína MoFe* (**Fujita & Bauer, 2003; Nomata, *et al.*, 2006[b]**). O alinhamento da sequência de *COR* das três (3) subunidades (*BchX*, *BchY* e *BchZ*) mostrado acima (**Figura 5**), onde todas as 3 subunidades estão bem separadas de acordo com o alinhamento da sequência das suas subunidades. As bactérias de diferentes famílias estão aqui representadas. O alinhamento da sequência destas sequências mostrou que existem dois aminoácidos conservados (*Cys* e *Gly*), que foram anteriormente referidos (**Fujita & Bauer, 2003; Nomata, *et al.*, 2006[b]**) para a quelação do *cluster Fe-S*, relativamente ao *Cys* conservado. *A COR* está dividida em dois complexos proteicos, a *proteína X* e a *proteína ZY* (**Fujita & Bauer, 2000; Heyes, *et al.*, 2002; Nomata *et al.*, 2005; Nomata, *et al.*, 2006b; Watzlich, *et al.*, 2009; F'liihe, *et al.*, 2012**), pelo que as subunidades *X* e *Y deveriam* ser mais semelhantes. No entanto, de acordo com a árvore, a relação mais próxima/semelhança mais elevada é entre *BchX* e *BchY* porque têm uma distância mais curta entre si em comparação com elas e *BchZ*, que é a mais diferente.

Figura 5) Árvore filogenética das subunidades *COR* (*BchX* - vermelho; *BchY* - verde e *BchZ* - cores azuis). Árvore com 118 enzimas *COR* e gerada usando o método neighbor-joining após o alinhamento múltiplo de sequências feito usando *MUSCLE - MEGA 6* (Tamura, 2013).

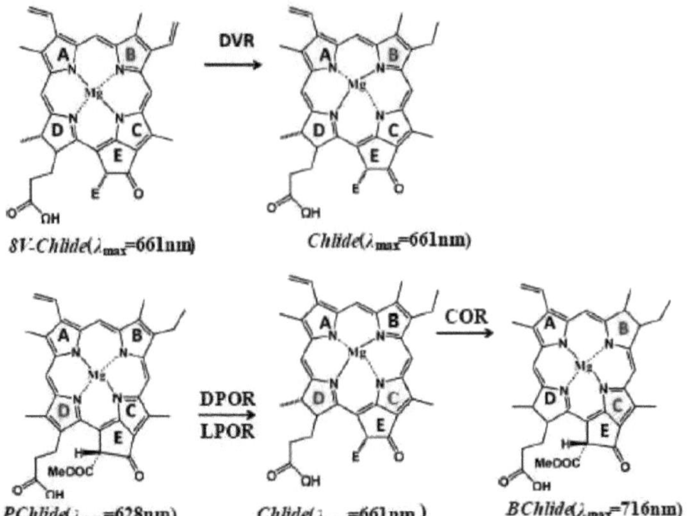

Figura 6) Representação das reações de redução da síntese de *Chl* e *Bchl*, e as enzimas (*DVR*, *DPOR*, *LPOR* e *COR*) realizam, adaptado de **Tsukatani, *et al.*, (2015)** e **Burke, et al., (1993)**. *A, B, C, D* e *E* indicam o anel tetrapirrólico substrato das redutases.

MÉTODO

1- "Trabalho a seco"

A bibliografia, de onde provém a informação compilada neste trabalho, é referenciada em livros e artigos, que estão disponíveis gratuitamente em fontes online, respetivamente. Em primeiro lugar foram pesquisadas as obras, e o número máximo de obras que estavam relacionadas com estas enzimas, Fotossíntese, biossíntese de *Chl* e *Bchl*, foram armazenadas. Depois, após uma análise intensiva, a informação relevante foi recolhida, resumida e compilada neste trabalho. As sequências de proteínas foram obtidas a partir da base de dados pública do Centro Nacional de Informação Biotecnológica (*NCBI* - www.ncbi.nlm.nih.gov), usando os diferentes nomes das quatro enzimas utilizadas neste trabalho, depois as sequências foram confirmadas e usadas como uma consulta para a análise da Ferramenta de Alinhamento Local Básico Proteína-Proteína (*BLASTP*). Apenas as entradas com mais de 50% de semelhanças foram seleccionadas. As pesquisas *BLASTp* para as enzimas revelaram muitos homólogos, provavelmente reflectindo as suas origens na família conservada de proteínas *SDR* (**Altschul, *et al.*, 1990; Jornvall, *et al.*, 1995; Masuda & Takamiya, 2004; Kavanagh, *et al.*, 2008; Persson, *et al.*, 2009**). Após a obtenção das sequências do *NCBI*, todas as análises filogenéticas e de evolução molecular foram construídas utilizando o software Molecular Evolutionary Genetics Analysis (*MEGA*) versão 6 **(Tamura, 2013)**, onde foi feita uma seleção, confirmando as seguintes características dos motivos proteicos para cada enzima: *LPOR* (*N-terminal Rossman fold* [*Gly-x-x-x-Gly-x-Gly*] e [*Try-x-x-x-Lys*]) **(Birve, *et al*, 1996)**, *motivo YxxxK* (**Townley *et al.*, 2001**); *DPOR* (família das proteínas *SDR de ligação ao* NADPH); *COR* (*YxxxN*); *DVR* [subgrupo *SDR* 5" (*SDR_a5*), motivo conservado de *ligação ao NAD(P)H GxxGxxG* **(Rescigno & Perham, 1994)]**. Depois de descartadas as sequências que não apresentavam nenhum destes motivos característicos, as sequências foram comparadas entre si, através de alinhamento múltiplo de sequências com *MUSCLE* (**Edgar, 2004**) e *ClustlW* (**Thompson, *et al.*, 1994; Thompson, *et al.*, 2002**). Em seguida, os acertos foram novamente verificados manualmente para detetar sequências incompatíveis ou parciais, seguindo o método utilizado por **Gabruk, *et al.*, (2012**). Depois disso, as árvores filogenéticas foram feitas usando os parâmetros padrão da ferramenta Maximum Likelihood, com um teste de bootstrap de filogenia (500 réplicas). A melhor árvore foi considerada significativamente melhor a 95% de confiança ($P < 0,05$) **(Bourke, *et al.*, 1993).**

2- "Trabalho húmido"

Amplificação de genes de clusters fotossintéticos de *Chlamydomonas reinhardtii* através de PCR

As sequências destes 6 genes (*PorA*, *PorB*, *PorC*, *DPORD*, *DPORL*, *DPORN*) destas duas enzimas (*LPOR* e *DPOR*) foram obtidas a partir da base de dados de genes *do NCBI*, e foram desenhados primers (Forward e Reverse) para cada sequência de genes (apresentados abaixo). As culturas de *C.reinhardtii* foram mantidas no laboratório em meio líquido *TAP* (Tris-Acetato-Fosfato) e o genoma foi extraído seguindo o método simples e rápido de isolamento de *ADN* de microalgas (**Fawley & Fawley, 2004**). Em seguida, a *PCR* (**Figura 16)** foi efectuada utilizando o seguinte protocolo - para a mistura de *PCR*: Buffer$^{(5\ \mu l)}$, *dNTP*$^{(1\ \mu l)}$, Primers$^{(2\ \mu l)}$ Template $^{(1\ \mu l)}$, TaqPolymerase$^{(1\ \mu l)}$ e *H2O* (40,5μl) para 50 µl e as temperaturas do Termociclador foram definidas como: 95°C (5 min), 95°C(1min), 55°C(1min), 72 °C(3 min), 72 °C(3 min), $^{4°C(\infty)}$ e o número de ciclos foi de 25 e 30.

CAPÍTULO 2

1.1 Comparação entre quatro Enzimas (*DVR*, *COR*, *LPOR* e *DPOR*) na Biossíntese de Clorofila/Bacterioclorofila

Entre estas quatro enzimas, a *DPOR* e a *COR* são as que apresentam maiores semelhanças entre si (**Tabela 1**). Ambas convertem a porfirina (*Pchlide*) em bacterioclorina (3-vinil *Bchlide* a) na biossíntese de *Bchl a* (**Nomata, *et al.*, 2008), sendo** também compostas por três subunidades (**Nomata, *et al.*, 2006[a]**). Em alinhamentos de sequência de aminoácidos de *proteínas X* (*COR*) com está intimamente relacionado com a subunidade *L* (*DPOR*) (**Burke[2] *et al.*, 1993; Watzlich, *et al.*, 2009**). A subunidade *BchX da COR* forma um aglomerado intersubunitário redox ativo análogo ao descrito para a subunidade *L da DPOR.* Em **Watzlich, *et al*, (2009)** é publicado que *Tyr* é essencial para a catálise *da DPOR*, este resíduo exposto à superfície pode estar diretamente envolvido na interação proteína-proteína e/ou pode ser responsável pela transferência de electrões intersubunitária, e também que este aminoácido, o *Tyr127,* se encontra conservado em todas as proteínas *BchL* e *ChL*, mas na posição idêntica em *COR* existe uma Arginina (*Arg).*

A duplicação de genes de uma antiga redutase deu origem a uma nitrogenase (*NifH*) e a um ramo *BchL/ChL* que evoluíram depois para as actuais proteínas *X* e *L*. Este processo evolutivo foi acompanhado pelo aparecimento das subunidades *B* (*DPOR*) e *YZ* (*COR*), responsáveis pela redução específica dos anéis *B* e *D*, respetivamente (**Watzlich, *et al.*, 2009). ***BchX* e *BchL* partilham 34% de identidade de sequência de aminoácidos entre si (**Burke[3] , *et al.*, 1993**), e ainda relativamente a *COR*, está também intimamente relacionada com *DVR* que é capaz de reduzir o grupo 8V de *Chlide,* em condições especiais (mencionadas anteriormente), sendo assim considerada a terceira *DVR* (**Hanada, *et al.*, 2002; Tsukatani, *et al.*, 2013**). Comparando estas três enzimas, **Burke, *et al.*, (1993)** publicaram que enquanto as subunidades *L*, *X* e *NifH* apresentam uma identidade de sequência ao nível dos aminoácidos de 33%, as subunidades *BchN/ChlN*, *BchY*, *NifD*, e *BchB/ChlB*, *BchZ*, e *NifK*, respetivamente, apresentam identidades de sequência inferiores de 15%. **Nomata, *et al.*, (2006)** demonstraram em ensaios *in vitro* para a nitrogenase, bem como para a *DPOR* e a *COR*, que estas utilizam o dador artificial de electrões ditionito na presença de concentrações elevadas de *ATP* e que o mecanismo catalítico da *COR se* assemelha fortemente à catálise *da DPOR*. As subunidades COR partilham uma identidade global da sequência de aminoácidos de 1522% para *BchY* e *BchZ* e de 31-35% para a subunidade *BchX* quando comparadas com as subunidades *DPOR* correspondentes. Nos alinhamentos das sequências de aminoácidos das proteínas *BchX* com as subunidades *BchL* ou *ChlL* da *DPOR*, estreitamente relacionadas, tanto os ligandos cisteínicos responsáveis pela formação do aglomerado *[4Fe-4S]* como os resíduos para a ligação *do ATP* são conservados (**Burke, *et al.*, 1993**). Além disso, **Watzlich, *et al.*, (2009)** apresentam que a subunidade *BchX da COR* forma um aglomerado intersubunitário redox-ativo análogo ao descrito para as subunidades *BchL* ou *ChlL da DPOR*. A duplicação de genes de uma antiga redutase deu origem a uma nitrogenase (*NifH*) e a um ramo *BchL/ChlL* que depois evoluiu para as actuais proteínas *BchX* e *BchL* (ou *ChlL*). Este processo evolutivo foi acompanhado pelo aparecimento das subunidades *BchNB/ChlNB* e *BchYZ*, responsáveis pela redução específica dos *anéis B* e *D*, respetivamente (**Watzlich, *et al.*, 2009**). A *LPOR*, que é a menos semelhante com estas outras três enzimas estudadas neste trabalho (**Tabela 1**), sendo uma enzima monomérica, enquanto que *a DPOR*, e as outras enzimas são multiméricas com duas ou três subunidades cada.

A análise da atividade enzimática *da LPOR* e da *DPOR* numa variedade de espécies tem demonstrado várias diferenças funcionais nestas enzimas, incluindo o facto de serem análogas **(Galperin, *et al.*, 1998; Fujita, 1996; Reinbothe *et al.*, 2010)** e evolutivamente não relacionadas, procedendo através de dois mecanismos muito distintos, ao lado de realizarem o mesmo trabalho, mas em condições diferentes **(Masuda & Takamiya, 2004; Muraki *et al.*, 2010; Nomata, *et al.*, 2014; Chen, 2014).** A *DPOR* é fortemente regulada pelos níveis de oxigénio e a *LPOR* pela luz. A coordenação e a regulação das actividades *da DPOR* e da *LPOR*, que respondem às condições ambientais, permitem que os organismos fotossintéticos mantenham os elevados níveis de biossíntese de *Chl* em condições distintas e variáveis no seu ambiente (**Shui, *et al.*, 2009**). No entanto, anteriormente, pensava-se que não existiam semelhanças de sequência significativas entre elas (**Galperin, *et al.*, 1998**). *DVR*, especificamente a subunidade *BciA*, cujas reduções ocorrem no primeiro processo com *NADPH* como cofator doador de hidreto, enquanto a outra subunidade *BciB (DVR),* as enzimas *DPOR* e *COR* catalisam a redução através do segundo processo com ferrodoxina enzimaticamente reduzida por *NADPH* como doador de elétrons (**Tamiaki, *et al.*, 2015**). Existe uma propensão para as algas que mantêm múltiplos genes *LPOR* perderem os seus genes *DPOR* cloroplásticos (*L*, *N* e *B*). A redundância genética, seja decorrente de enzimas isofuncionais não-homólogas, duplicação de genes ou transferência horizontal de genes, promove a inovação metabólica (**Hunsperger, *et al.*, 2015**). E após a análise *BLAST* das proteínas, um dos pontos em comum foi a presença das *dobras de Rossmann* e a confirmação de que elas pertencem a (alguns dos) subgrupos da família *SDR* (*SDR* a5) citados acima. Mas no alinhamento das proteínas o *DVR*, e as outras enzimas do tipo nitrogenase, mostraram uma presença não significativa das dobras, exceto no caso da subunidade *L* (*DPOR*).

Enzima	Oxigénio	Luz	Tipos/ Subunidades	Codificado	Cofator	Presente em
COR (CE .3.99.35)	Sensível	Independente	*BchX, BchY* e *BchZ*	Cloroplasto	*ATP*; *NADPH*; [*Fe-S*]	Bactéria NS
DVR (CE 1.3.1.75)	Sensível	Independente	BciA e *BciB*	Cloroplasto (etioplasto)	[*4Fe-S*]; *FAD*; *NADPH*	Todos os fototróficos
DPOR (CE 1.3.7.7)	Sensível	Independente	*BchB* / *ChlB*, *BchL/ChlL* e *BchN/ChlN*	Cloroplasto	*ATP*; *NADPH*; [*Fe- S*]	Bactérias anoxigénicas, Fotobactérias, cianobactérias, plantas (exceto angiospérmicas)
LPOR (CE 1.3.1.33)	Insensível	Dependente	(isoformas): *Po rA*, *PorB* e *PorC*	Núcleo	*NADPH*	cyanobacter ia e plantas

Tabela 1) Resumo de algumas informações sobre estas quatro enzimas.

1.2 Comparações entre estas enzimas e a nitrogenase

Acredita-se que a primeira célula com *Chl* também fixou azoto, porque as subunidades da *DPOR*, *(B)ChlNBL*, estão relacionadas com as subunidades da nitrogenase (**Dixon, *et al.*, 1986; Xiong, *et al.*, 1998; Nomata, *et al.*, 2006[a]; Nomata, *et al.*, 2006b**). A fixação do azoto é um processo intensivo em energia, que permite a alguns organismos (bactérias), que vivem em simbiose com plantas da família Leguminosae, catalisar a redução do azoto molecular do ambiente (*N2*) a amoníaco (*NH3*).

E esse processo **N2 + 6H+ + 6e =>2NH3 requer** 16 moléculas de *ATP* para essa redução. A nitrogenase (dinitrogenase) é uma enzima complexa responsável por este processo que só ocorre nos organismos *fixadores de N2* (diazotróficos).

A nitrogenase é um tetrâmero $\alpha_2\beta_2$ codificado pelas unidades *NifH, NifD e NifDK*, que contém um cofator de ferro-molibdénio (*FeMoCo*) e está dividida em dois complexos proteicos: a *proteína Fe* (*NifH)* e a *proteína MoFe* (*NifD-NifK* heterotetrâmero), que dependem do *MgATP* para eventos sequenciais de transferência de electrões intercomponentes que conduzem à redução do substrato nos locais de redução do substrato do *cofator MoFe* localizados na *proteína MoFe* (*NifD/NifK*)

(**Wittenberg,** ***et al,*** **1877; Fuhrmann & Hennecke, 1984; Pau, 1989; Kim & Rees, 1992; Yates, 1992; Georgiadis,** ***et al.*****, 1992; Burges & Lowe, 1996; Howard & Rees, 1996; Holm,** ***et al.*****, 1996; Schindelin,** ***et al.*****, 1997; Armstrong. 1998; Rees & Howard, 2000; Christiansen,** ***et al.*****, 2001; Igarashi & Seefeldt, 2003; Cheng, 2008; Cheng,** ***et al.*****, 2014).** *A proteína Fe*, a redutase *dependente de ATP* específica para a *proteína MoFe*, transporta um aglomerado [*Fe-4S*] ligado em ponte entre estas duas subunidades idênticas. A *proteína MoFe*, que fornece os centros catalíticos, possui dois tipos de metaloclusters: o *cluster P-* [(*8Fe-7S*) cluster] e o *cofator FeMo-* que compreende [*1Mo-7Fe-9S-X homocitrato*]. A *proteína Fe* é reduzida pela ferredoxina ou pela flavodoxina e, em seguida, os electrões são transferidos do aglomerado [*4Fe-4S*] da *proteína Fe* para o *cofator FeMo-* da *proteína MoFe* através do aglomerado *P*.

A biossíntese de *Bchl a* envolve duas enzimas do tipo nitrogenase, a *DPOR* e a *COR* (**Quadro 1**), que partilham características significativas, incluindo o facto de ambas serem dependentes de *ATP*, acoplando a transferência de electrões impulsionada pela hidrólise *do ATP* para permitir a redução do substrato, ambas são metaloproteínas, ambas são altamente sensíveis ao oxigénio, podendo ser irreversivelmente destruídas pelo oxigénio (**Burke** ***et al,*** **1993; Fujita, 2000; Xiong** ***et al.*****, 2000; Raymond** ***et al.*****, 2004; Nomata,** ***et al.*****, 2006[a] ; Nomata,** ***et al.*****, 2006[b] ; Broker,** ***et al.*****, 2010; Nomata,** ***et al.*****, 2014**). Estas semelhanças são comprovadas pela homologia da sequência de aminoácidos, em que, por exemplo, as subunidades *BchL/ChlL*, *BchX* e *NifH* apresentam uma identidade de sequência ao nível dos aminoácidos de 33%, estando estruturalmente mais relacionadas com a *proteína Fe-*. Também as outras subunidades *BchN/ChlN, BchY, NifD*, e *BchB/ChlB, BchZ*, e *NifK*, respetivamente, apresentam identidades de sequência inferiores de 15%, sendo a *proteína NB a* que apresenta maior semelhança com a proteína *MoFe* homóloga da nitrogenase **(Dixon,** ***et al.*****, 1986; Kim & Rees, 1992; Burke[3] ,** ***et al.*****, 1993; Fujita, 1996; Fujita & Bauer, 2000; Fujita & Bauer, 2003; Nomata,** ***et al.*****, 2005; Nomata,** ***et al.*****, 2006[a] ; Nomata,** ***et al.*****, 2006[b] ; Nomata,** ***et al.*****, 2008; Yamamoto,** ***et al.*****, 2009)**. Os ensaios *in vitro* mostram que o mecanismo catalítico da *COR* se assemelha fortemente à catálise *da DPOR*. Estudos de cristalografia *de raios X*, de ressonância paramagnética eletrónica e de mutagénese, bem como a análise das sequências, permitiram obter informações mais aprofundadas sobre a estrutura de algumas destas enzimas. Por exemplo: as *proteínas N* e *B* (*DPOR*) têm uma *Cys* conservada que é semelhante à encontrada nas proteínas acessórias da nitrogenase *NifE* e *NifN* **(Nomata,** ***et al.*****, 2005)**, tendo os resíduos *de Cys* que ligam o aglomerado [*4Fe-4S*] intra-subunidade que é quelatado pelos dois protómeros da *proteína L* **(Nomata, *et al.*, 2006[a]**) e semelhante ao dímero *NifH* da nitrogenase que são conservados em *ChlL/BchL* **(Nomata, *et al.*, 2005; Muraki, *et al.*, 2010)**. Em todas as sequências das proteínas de ferro da nitrogenase e na *bchX*, a posição 100 é ocupada por um resíduo *Arg* e em ambas *BchL/ ChlL*, é Tirosina (*Tyr*) **(Bourke, *et al.*, 1993)**, o que não foi observado neste trabalho, pois nem todas as *BchX* possuem a *Arg* nessa posição, onde algumas sequências analisadas (*Thalassobium sp. R2A62, Thalassobacter, Rhizobium sp. Root1240...*) possuem substitutos (*Ser, Leu, Lys*) respetivamente. É interessante notar que todas estas sequências mencionadas anteriormente pertencem a a-Proteobactérias. Os homólogos de *BchL*, *BchX* e *NifH* apresentam uma conservação máxima da sequência, o que os torna particularmente úteis para compreender a origem da fotossíntese **(Burke *et al.*, 1993; Xiong *et al.*, 2000; Raymond *et al.*, 2004)**. A *Tyr127* encontra-se conservada em todas as *L-proteínas*, enquanto o sistema da nitrogenase, bem como o sistema *COR*, utiliza uma *Arg* em posição idêntica **(Watzlich, *et al.*, 2009)**, facto confirmado pelo alinhamento múltiplo de sequências (não mostrado). Estas semelhanças acontecem porque *a DPOR* evoluiu a partir de genes ancestrais comuns à nitrogenase e está distribuída entre bactérias fotossintéticas anoxigénicas, cianobactérias, clorófitas, pteridófitas, briófitas e gimnospérmicas, o que até agora faz com que tenham muitas semelhanças **(Raymond, *et al.*, 2004; Bourke, *et al.*, 1993)**. Ao longo da evolução dos organismos, mesmo mantendo domínios altamente conservados **(Nomata, *et al.*, 2005; Watzlich, *et al.*, 2009; Muraki, *et al.*, 2010)**. A *DPOR* está a sofrer alterações suaves com o tempo, o que no futuro pode diminuir significativamente a sua sensibilidade ao oxigénio, mas ainda assim, os electrões do aglomerado [*4Fe-4S*] de *BchNB/ChlNB*, que são transferidos diretamente para o substrato *Pchlide* no local ativo da *DPOR* **(Watzlich, *et al.*, 2009)**. Uma reação que é potencialmente perigosa em condições ricas em oxigénio devido ao radical do substrato que seria uma fonte de espécies reactivas de oxigénio que causariam danos graves às células **(Imlay, 2006; Nomata, *et al.*, 2006[a]** **)**. O rápido aumento do nível global de oxigénio pode também ter impulsionado a evolução dos heterocistos para proteger a nitrogenase do oxigénio **(Tomitani, *et al.*, 2006)**. Com o nível de oxigénio acima do "ponto de Pasteur", o ponto definido como o nível acima do qual a atividade da *Pchlide* redutase *DPOR* sensível ao oxigénio é funcionalmente insuficiente e a redutase *LPOR* tolerante ao oxigénio torna-se essencial para sobreviver **(Fujita, *et al.*, 1998; Yamazaki, *et al.*, 2006; Yamamoto, *et al.*, em 2009)**. A maioria dos aeróbios e anaeróbios facultativos adapta-se da fermentação anaeróbia à respiração aeróbia **(Berkner & Marshall, 1965; Runnegar, 1991; Helman, *et al.*, 2003; Yamazaki, *et al.*, 2006; Latifi, *et al.*, 2009; Yamamoto, *et al.*,**

2009). A *DPOR* parece ter-se tornado dependente do mecanismo de proteção em vez de ter evoluído para adquirir tolerância ao oxigénio, pelo que a presença de tais mecanismos para proteger *a DPOR* poderia contribuir para a persistência evolutiva da *DPOR* em organismos fotossintéticos oxigenados. *A DPOR* já não funciona em condições em que a fotossíntese oxigenada é muito ativa e os níveis de oxigénio celular são muito elevados **(Yamazaki, *et al.*, 2006)**.

1.3 Comparações do alinhamento das sequências da enzima e análise das árvores filogenéticas evolutivas

A comparação das sequências de aminoácidos da base de dados de proteínas do *NCBI* revelou um fragmento constituído por 14 resíduos de aminoácidos semelhantes em *PorA* de *A. thaliana* e em todas as sequências *BchL/ChlL* investigadas. No caso da *PorA de A. thaliana*, o motivo (denominado ***TFT***) apresentou a seguinte sequência: *TFTAEGF-X-LSRLLLD*, onde *-x-* foi a inserção de 13 aminoácidos não encontrados nas sequências de *BchL/ChlL investigadas* (**Gabruk, *et al.*, 2012**) e, também foi encontrado em poucas sequências de *DPOR* onde o *motivo TFT* foi encontrado parcialmente, e não apenas na subunidade *L*, mas também na subunidade *N* em duas Proteobacteria, também na subunidade *L*, onde outras sequências conservadas (*YGKGGxGKST...;QIGCDPKXxDSTF*), não coincidindo totalmente como **Gabruk *et al.*(2012)**. O *motivo TFT* foi encontrado entre o motivo *NAA*, que é um dos sítios de ligação *ao NADPH* (**Gabruk *et al.*, 2012**), e relacionado com a *LPOR*, o *motivo* catalítico *YxxxK* (**Yang & Cheng, 2004**) também foi encontrado. Relativamente ao *motivo YxxxK, houve* sequências que não apresentavam este motivo, as quais foram descartadas, seguindo o método, mas também houve casos de sequências com mais do que um motivo *YxxxK,* normalmente quando o aminoácido da letra antes de *Y* não era *A*, e houve, em quase todas as ocorrências, após o *AYxxxK*. Após o *AYxxxK*, quase não foram detectados mais motivos YxxxK, exceto em alguns casos: Algas (*Cyanidioschyzon merolae estirpe 10DR*; *Micromonas sp. RCC299; Monoraphidium neglectum*; *Tetraselmis sp. GSL018*; *Volvox carteri f. nagariensis*), um Ascomicota (*Exophiala dermatitidis NIH/UT8656*), Cyanobacteria (*Gloeobacter violaceus*; *Nodosilinea nodulosa*). Após a análise destas sequências *LPOR*, todas com o *motivo YxxxK* (**Yang & Cheng, 2004**) num total de 213. O alinhamento das subunidades *DVRs BciA* e *BciB* mistas, utilizando *o MUSCLE* mostrou vários aminoácidos conservados (*G, R, D, V, S, A, K, E, P, L* e *P*), sendo que alguns deles aparecem conservados mais de uma vez (*G, L, P, E, D*). O alinhamento de sequências múltiplas *DPOR* das 3 subunidades mistas utilizando *o MUSCLE* mostrou um G conservado entre elas. Algumas sequências de aminoácidos eram altamente conservadas entre as subunidades

destas enzimas, algumas eram mais específicas de uma enzima isolada, mas também havia outras que eram mais comuns e estavam altamente presentes nas diferentes subunidades de uma enzima, a sequência conservada FCx3Cx20, que se encontra em quase todas as sequências da subunidade *N* (exceto nas proteobactérias *GSB* e *GSNB*), este domínio com estas 3 *Cys* fornece os ligandos para a coordenação do aglomerado [4Fe-S], como comprovado pela estrutura cristalina do complexo proteico (*L* e *NB*) da *DPOR* (**Broker *et al.*, 2010; Muraki *et al.*, 2010**). O alinhamento das sequências das subunidades *da COR*, comparadas entre si utilizando *o MUSCLE*, mostrou que entre *Y* e *X* existem 4 aminoácidos conservados (*G,*
L, C e G), entre *Y* e *Z* há 8 (*C, G, D, P, P, L, G e P*). E entre *Z* e *X* foram encontradas 6 (*G, G, G, G, G, G* e *P*). Estes resultados podem ser usados como uma confirmação das semelhanças mais estreitas entre *Y* e *Z*, o que era esperado, uma vez que formam o complexo *YZ-proteína*. Apresentam-se algumas destas sequências:

LPOR: GxxxGxG [que aparece em quase (203) todas as sequências (213)]; YxxxK (conservado em todas as sequências que estavam presentes); KAYxxxK; TGASSGLGLA; MACR; SVxQF; TGASSGLGLAxxKxL.

DPOR: GxxxGxG (toda a subunidade *L*), GxQMER (subunidade *B*);

TFT [presente em quase todas as subunidades *L* (TFTL; ou TFTP; ou TFTI), em poucas *N* (TFTQ; ou TFTE; ou TFTP), mas em nenhuma das subunidades *B*),

YxxK (presente na subunidade *B*, ausente na *L*), GxxxGxG (quase toda a subunidade *L*, em poucos *N*),

FCxxxCx20C (quase todas as subunidades *N*, exceto Proteobacteria, *GSB*, *GNSB*); YxxxK; YxxxN (2 variações de sequências conservadas da família *SDR* presentes em quase todas as N, exceto *GSB*, *GNSB* e Proteobacteria).

DVR: GxxGxxG; VxxS; AxKxxxE; LxxGGP (**Figura 7**)

COR: YxxxN; GxxGxxG; VxxS

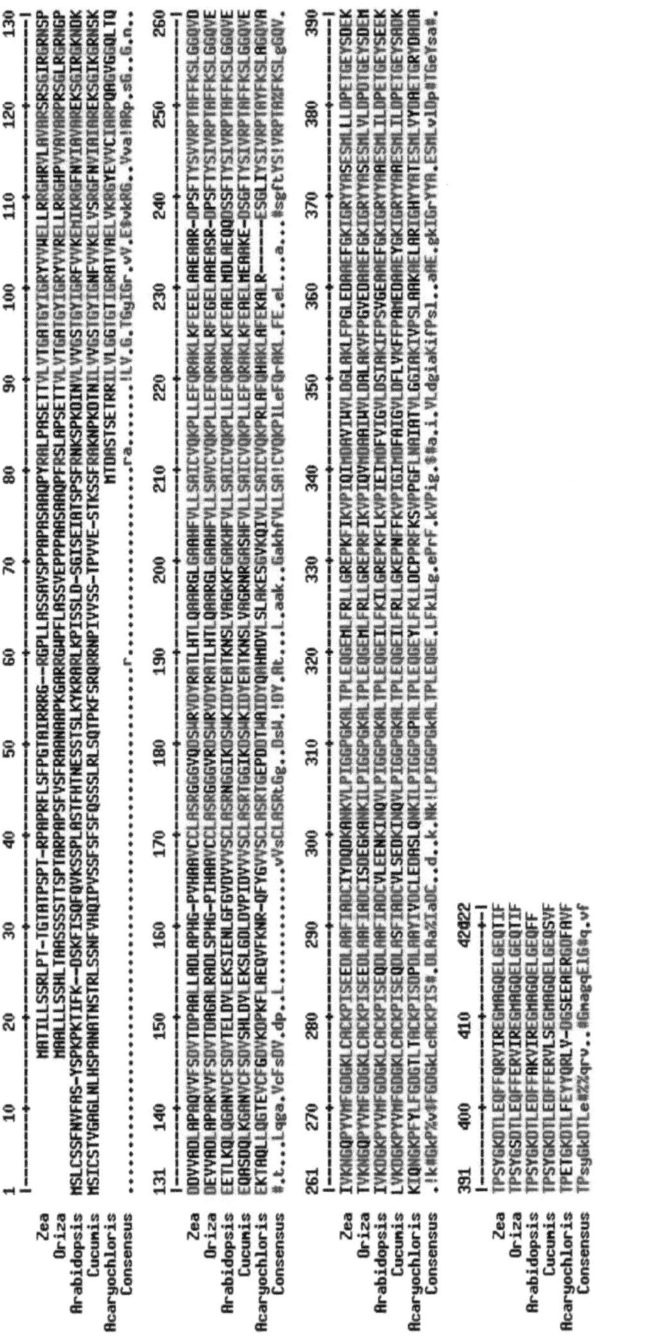

```
             1        10        20        30        40        50        60        70        80        90        100       110       120       130
             |--------+---------+---------+---------+---------+---------+---------+---------+---------+---------+---------+---------+---------|
Zea                            MATILLSSRLPT-TGTATPSPT-RPAPRFLSFPGTAIRRRG--RGPLLASSAVSPPAPASAAQPYRALPASETTVLVTGATGYIGRYVVWELLRRGHRVLAVARSRSGIRGRNSP
Oriza                          MAALLLSSHLTAASSSSTTSPTARPAPSFVSFRAANAAPKGARRGWPFLASSVEPPPAASAAQPFRSLAPSETTVLVTGATGYIGRYVVRELLRRGHPVVAVARPRSGLRGRNGP
Arabidopsis  MSLCSSFNVFAS-YSPKPKTIFK--DSKFISQFQVKSSPLASTFHTNESSTSLKYKRARLKPISSLD-SGISEIATSPSFRNKSPKDINVLVVGSTGYIGRFVVKEMIKRGFNVIAVAREKSGIRGKNDK
Cucumis      MSICSTVGAGLNLHSPANATNSTRLSSNFVHQIPVSSFSFSFQSSSLRLSQTPKFSRQRRNPIVVSS-TPVVE-STKSSFRAKNPKDTNILVVGSTGYIGNFVVKELVSRGFNVIAIAREKSGIKGRNSK
Acaryochloris                                                                                  MTDASTSETRRILVLGGTGTIGRATVAELVKRGYEVVCIARPQAGVGGQLTQ
Consensus    ..........................................................r...................ra.......!LV.G.TGyIGr.vV.E$vkRG..Vva!ARp.sG..G.n..

             131 140      150       160       170       180       190       200       210       220       230       240       250       260
             |--------+---------+---------+---------+---------+---------+---------+---------+---------+---------+---------+---------+---------|
Zea          DDVVADLAPAQVVFSDVTDPAALLADLAPHG-PVHAAVCCLASRGGGVQDSWRVDYRATLHTLQAARGLGAAHFVLLSAICVQKPLLEFQRAKLKFEEELAAEAAR-DPSFTYSVVRPTAFFKSLGGQVD
Oriza        DEVVADLAPARVVFSDVTDAGALRADLSPHG-PIHAAVCCLASRGGGVRDSWRVDYRATLHTLQAARGLGAAHFVLLSAVCVQKPLLEFQRAKLRFEGELAAEASR-DPSFTYSIVRPTAFFKSLGGQVE
Arabidopsis  EETLKQLQGANVCFSDVTELDVLEKSIENLGFGVDVVVSCLASRNGGIKDSWKIDYEATKNSLVAGKKFGAKHFVLLSAICVQKPLLEFQRAKLKFEAELMDLAEQQDSSFTYSIVRPTAFFKSLGGQVE
Cucumis      EQASDQLKGANVCFSDVSHLDVLEKSLGDLDVPIDVVVSCLASRTGGIKDSWKIDYEATKNSLVAGRNRGASHFVLLSAICVQKPLLEFQRAKLKFEAELMEAAKE-DSGFTYSIVRPTAFFKSLGGQVE
Acaryochloris EKTAQLLQGTEVCFGDVKDPKFLAEQVFKNR-QFYGVVSCLASRTGEPDDTWAIDYQAHMDVLSLAKESGVKQIVLLSAICVQKPRLAFQHAKLAFEKALR------ESGLIYSIVRPTAYFKSLAGQVA
Consensus    #.t...Lqga.VcFsDV.dp..L.............vVsCLASRtGg..DsW.!DY.At...L.aak..GakhfVLLSA!CVQKPlLeFQrAKL.FE.eL...a...#sgftYS!VRPTA%FKSLgGQV.

             261 270      280       290       300       310       320       330       340       350       360       370       380       390
             |--------+---------+---------+---------+---------+---------+---------+---------+---------+---------+---------+---------+---------|
Zea          IVKNGQPYVMFGDGKLCACKPISEEDLAAFIADCIYDQDKANKVLPIGGPGKALTPLEQGEMLFRLLGREPKFIKVPIQIMDAVIWVLDGLAKLFPGLEDAAEFGKIGRYYASESMLLLDPETGEYSDEK
Oriza        TVKNGQPYVMFGDGKLCACKPISEEDLAAFIADCISDEGKANKILPIGGPGKALTPLEQGEMLFRLLGREPRFIKVPIQVMDAAIWVLDALAKVFPGVEDAAEFGKIGRYYASESMLVLDPDTGEYSDEM
Arabidopsis  IVKDGKPYVMFGDGKLCACKPISEQDLAAFIADCVLEENKINQVLPIGGPGKALTPLEQGEILFKILGREPKFLKVPIEIMDFVIGVLDSIAKIFPSVGEAAEFGKIGRYYAAESMLILDPETGEYSEEK
Cucumis      LVKDGKPYVMFGDGKLCACKPISEQDLASFIADCVLSEDKINQVLPIGGPGKALTPLEQGEILFRLLGKEPNFFKVPIGIMDFAIGVLDFLVKFFPAMEDAAEYGKIGRYYAAESMLILDPETGEYSADK
Acaryochloris KIQNGKPFYLFGDGTLTACKPISDPDLAAYIVDCLEDASLQNKILPIGGPGPALTPLEQGEYLFKLLDCPPRFKSVPPGFLNAIATVLGGIAKIVPSLAAKAELARIGHYYATESMLVYDAETGRYDADA
Consensus    .!k#GkP%v$FGDGkLcACKPIS#.DLAa%IaDC..d..k.Nk!LPIGGPGkALTPLEQGE.LFklLg.ePrF.kVPig.$$a.i.VLdgiaKifPsl..aAE.gkIGrYYA.ESMLvlDp#TGeYsa#.

             391 400      410      420422
             |--------+---------+---------+-|
Zea          TPSYGKDTLEQFFQRVIREGMAGQELGEQTIF
Oriza        TPSYGSDTLEQFFERVIREGMAGQELGEQTIF
Arabidopsis  TPSYGKDTLEDFFAKVIREGMAGQELGEQFF
Cucumis      TPSYGKDTLEDFFERVLSEGMAGQELGEQSVF
Acaryochloris TPETGKDTLFEYYQRLV-DGSEEAERGDFAVF
Consensus    TPsyGkDTLe#%%qrv..#GmagqElG#q.vf
```

Figura 7) Comparação das sequências de *DVR* de 4 grupos diferentes de organismos.

1.3.1.1 *DVR* e *COR*

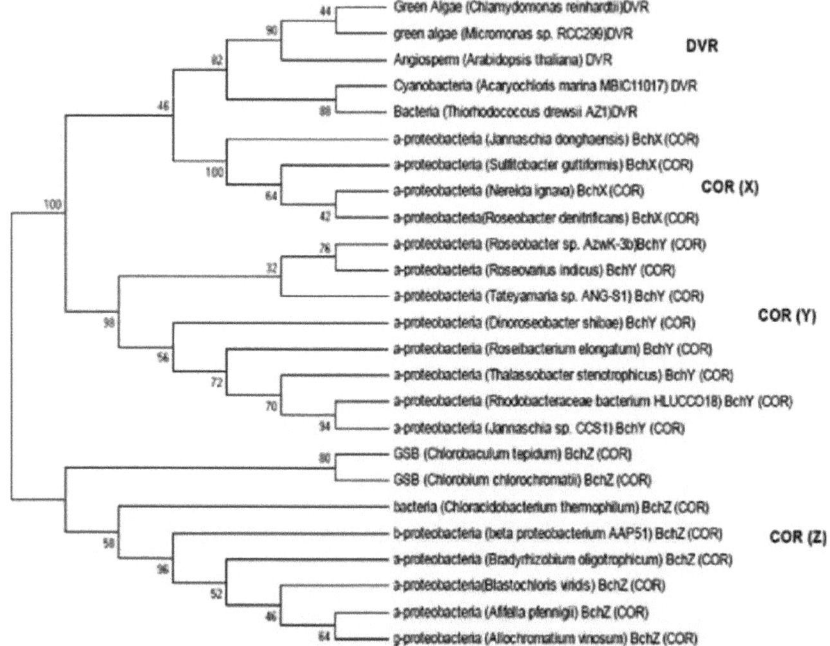

Figura 8) Árvore filogenética das subunidades *DVR* e *COR* (*X*, *Y* e *Z*), esta árvore com 25 entradas das enzimas *DVR* e *COR* foi gerada usando o método de neighbor-joining após o alinhamento ter sido feito usando *MUSCLE* também do pacote de software do *MEGA 6* **(Tamura, 2013).**

1.3.1.2 *DVR* e *DPOR*

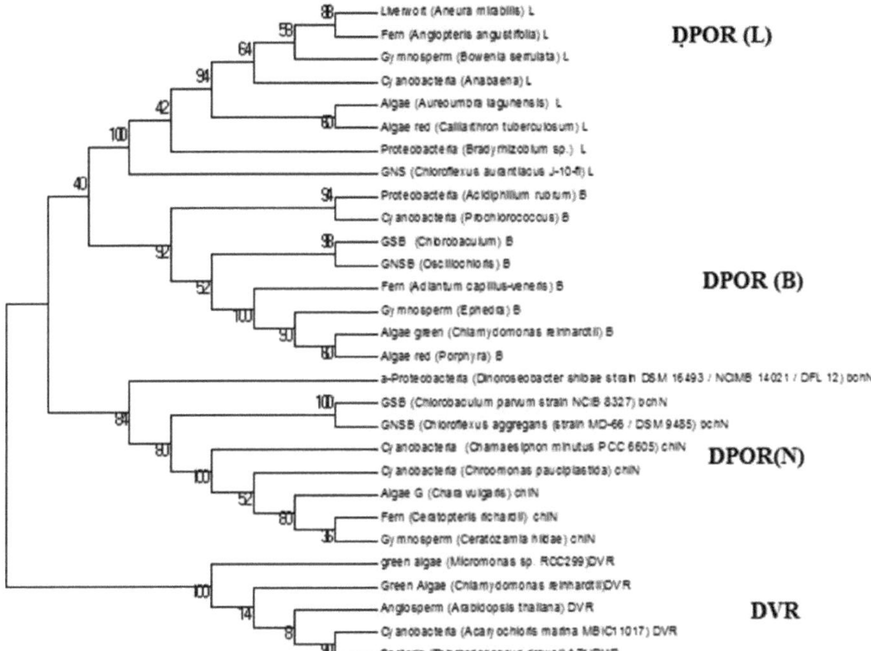

Figura 9) Árvore filogenética das subunidades *DPOR* (*B, L* e *N*) e *DVR*, esta árvore com 29 entradas das enzimas *DPOR* e *COR* foi gerada usando o método de neighbor-joining após o alinhamento ter sido feito usando *MUSCLE - MEGA 6* **(Tamura, 2013).**

1.3.1.3 *DVR* e *LPOR*

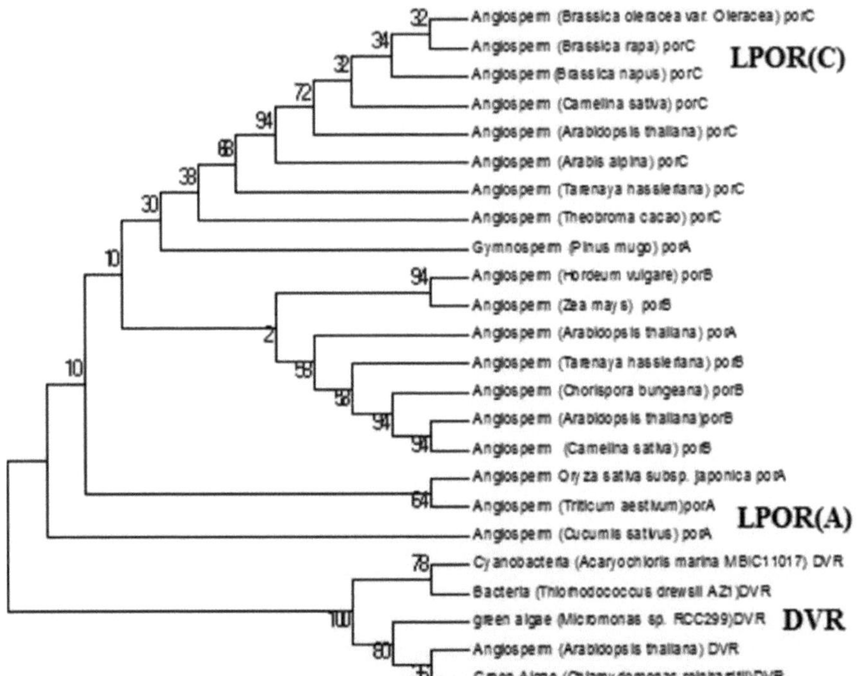

Figura 10) Árvore filogenética das subunidades *LPOR* (*A*, *B* e *C*) e *DVR*, esta árvore com 24 entradas das enzimas *LPOR* e *COR* foi gerada usando o método de neighbor-joining após o alinhamento ter sido feito usando *MUSCLE* também do pacote de software do *MEGA 6* **(Tamura, 2013).**

1.3.1.4 *DPOR* e *LPOR*

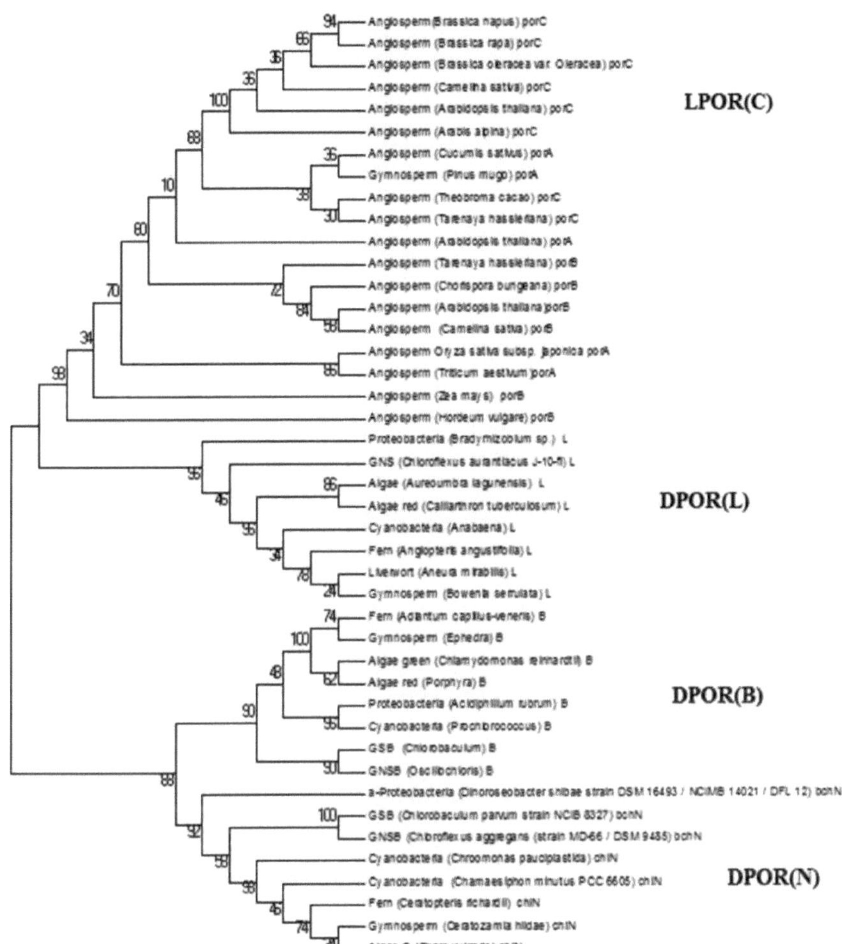

Figura 11) Árvore filogenética das subunidades *LPOR* (*A*, *B* e *C*) e *DPOR* (*B*, *L* e *N*), esta árvore foi gerada utilizando o método neighbor-joining após o alinhamento com *MUSCLE* também do pacote de software do *MEGA 6* **(Tamura, 2013).**

1.3.1.5 *DPOR* e *COR*

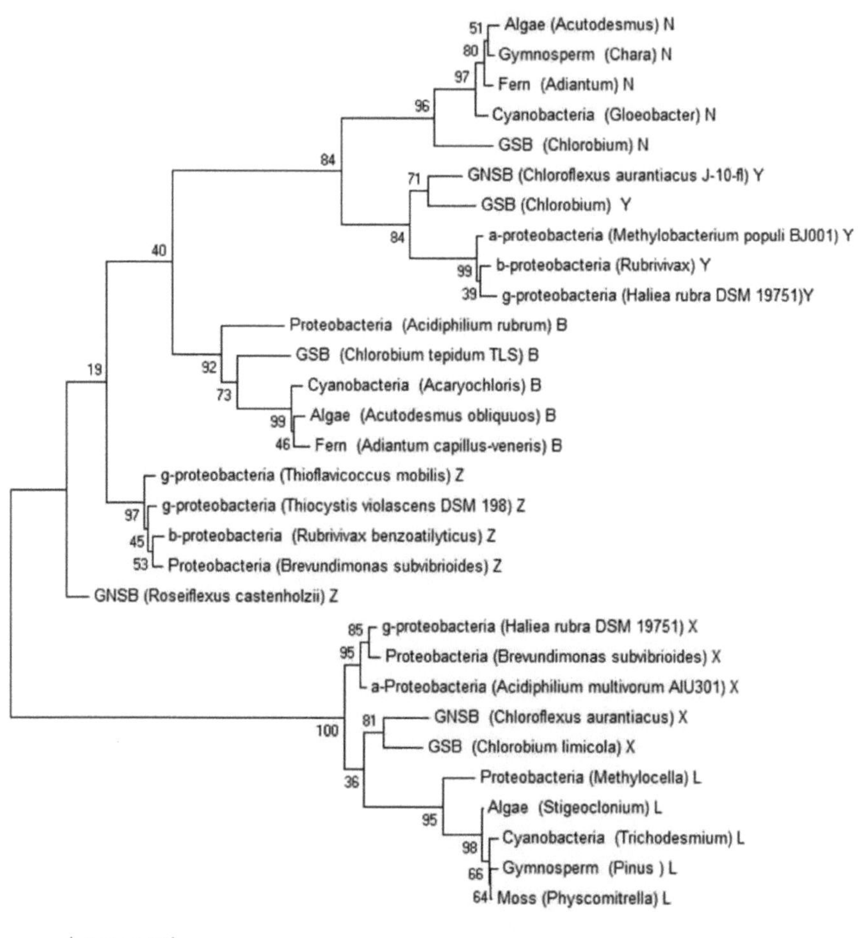

Figura 12) Árvore filogenética das subunidades *DPOR* (*B, L* e *N*) e das subunidades *COR* (*X, Y* e *Z*), esta árvore foi gerada usando o método de neighbor-joining após o alinhamento ter sido feito usando *MUSCLE - MEGA 6* **(Tamura, 2013).**

1.3.1.6 *LPOR* e *COR*

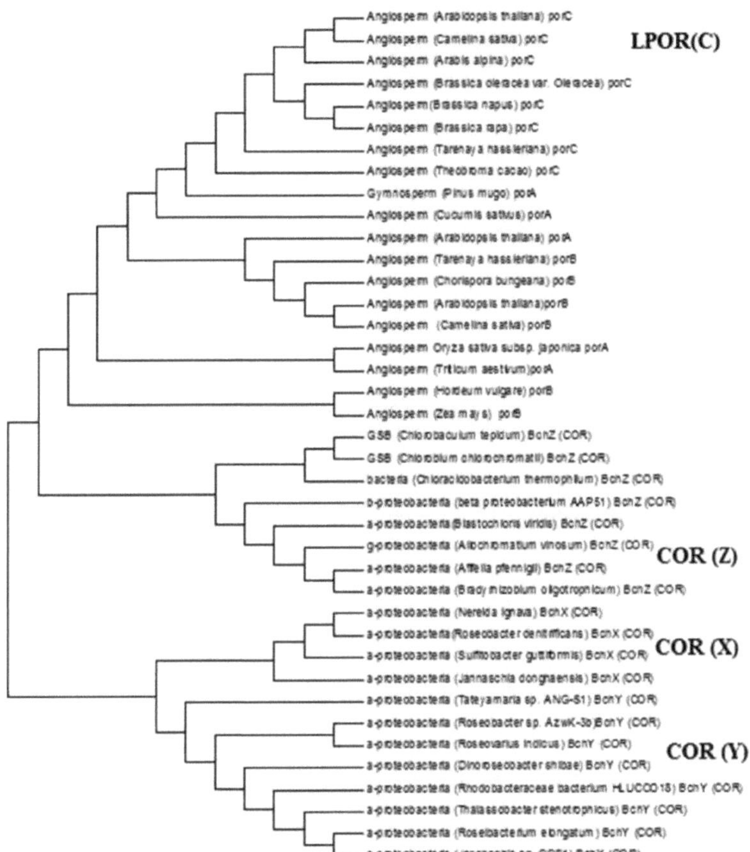

Figura 13) Árvore filogenética das subunidades *LPOR* (*A*, *B* e *C*) e das subunidades *COR* (*X*, *Y* e *Z*), esta árvore foi gerada usando o método neighbor-joining após o alinhamento ter sido feito usando *MUSCLE - MEGA 6* **(Tamura, 2013).**

1.3.1.7 *DVR, COR* e *DPOR*

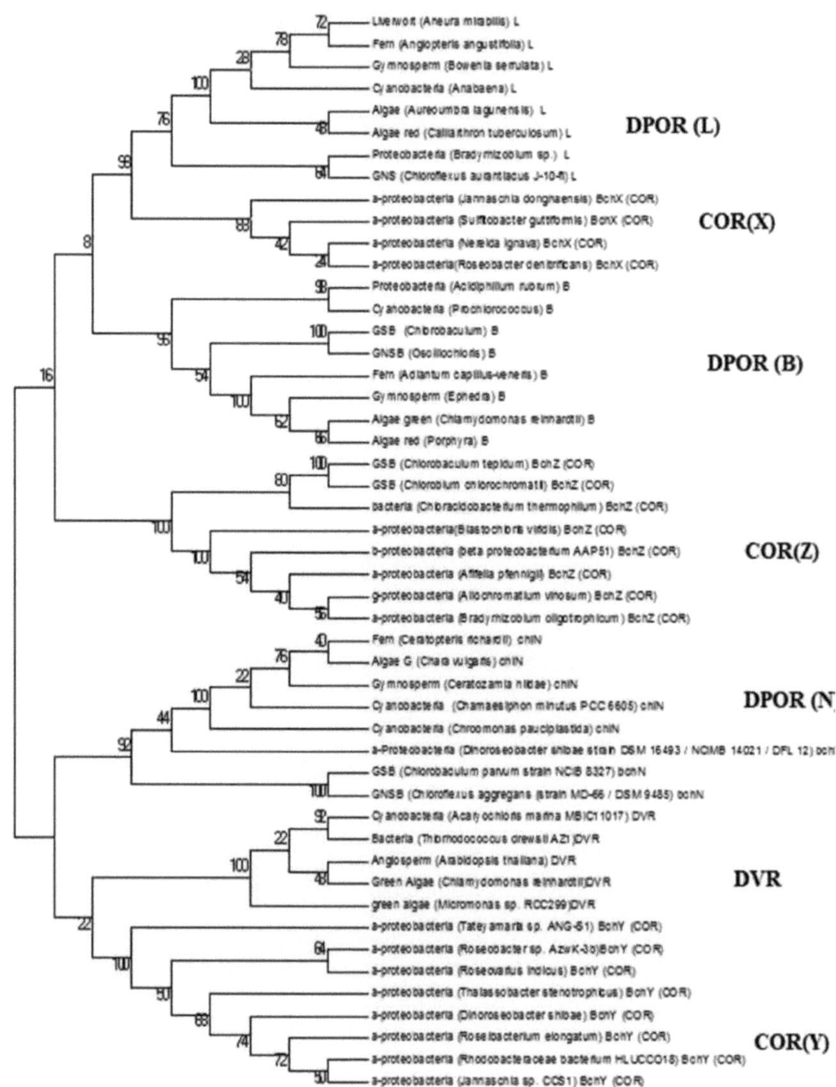

Figura 14) Árvore filogenética das subunidades *DPOR* (*A*, *B* e *C*), *DVR* e *COR* (*X*, *Y* e *Z*), esta árvore foi gerada usando o método neighbor-joining após o alinhamento ter sido feito usando *MUSCLE* - *MEGA 6* **(Tamura, 2013).**

1.3.1.8 *DVR, COR, LPOR* e *DPOR*

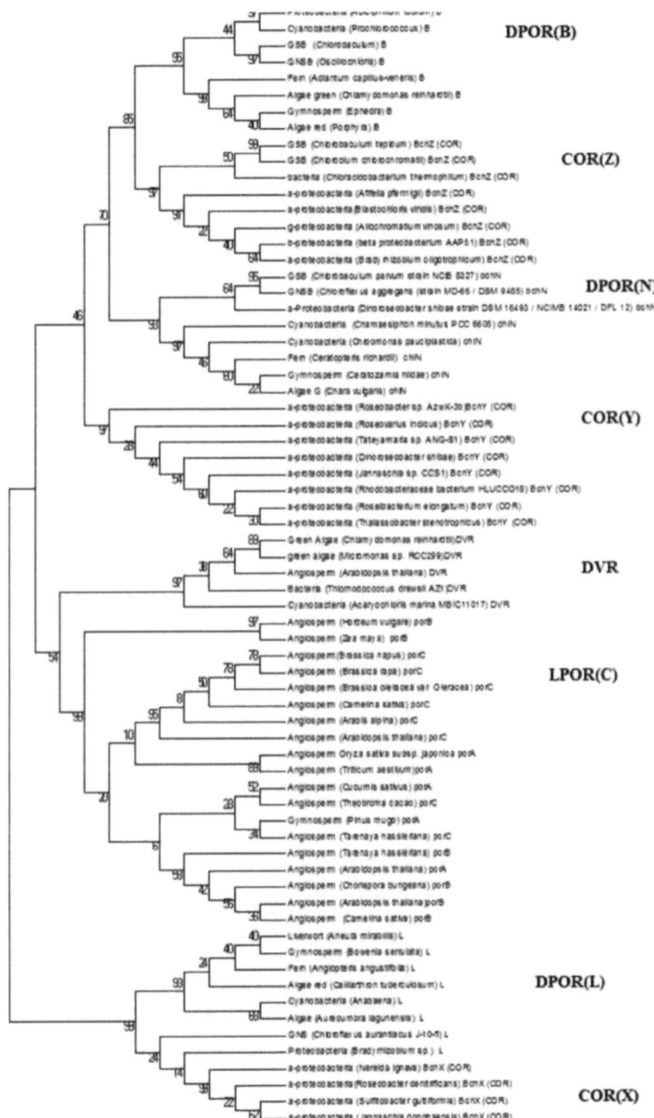

Figura 15) Árvore filogenética das enzimas *DPOR* (*B*, *L* e *N*), *COR* (*X*, *Y* e *Z*), *DVR* e *LPOR* (*PorA*, *PorB* e *PorC*). Esta árvore foi gerada utilizando o método neighbor-joining após o alinhamento com *MUSCLE - MEGA 6* **(Tamura, 2013).**

Nessas árvores acima, todas as enzimas (*DVR*, *LPOR*, *DPOR* e *COR*) foram comparadas entre si (**Figura 8, Figura 9, Figura 10, Figura 11, Figura 12** e **Figura**

13), e também foram comparadas com mais de uma (**Figura 14** e **Figura 15**). Entre as figuras com comparações de apenas duas enzimas diferentes, pode-se observar que a subunidade *BchX* (*COR*) é a mais próxima relacionada com a *DVR*, e também a subunidade *Y*, como mencionado anteriormente, e diferentemente da bibliografia analisada, aqui as árvores mostram esta subunidade como a que possui menos similaridades entre as subunidades *COR* (**Figura 8**). A árvore filogenética das enzimas *DVR* e *DPOR* (*L, N* e *B*) mostrou que a *N* é a subunidade mais relacionada com a *DVR*, enquanto a *L* é a que apresenta menor similaridade (**Figura 9**). Na **Figura 10)** são comparados *DVR* e *LPOR*, após encontrar 13 aminoácidos em comum (*V, P, A, L, G, K, Y*), sendo alguns deles conservados em mais de um lugar (*A, V, G, P*) entre eles na árvore filogenética, onde as sequências mais conservadas estão destacadas com os quadrados vermelhos (*PorC* e *DVR*), as maiores similaridades são encontradas entre *PorA* e *PorB*, que estão "misturadas" no mesmo ramo, mas *PorC*, tem suas seqüências juntas em um ramo específico isolado, e também nesta árvore (**Figura 10**) pode-se observar que dentre as subunidades de *LPOR*, a *PorA* é a que mais se relaciona com *DVR*. A outra árvore (**Figura 11**) que possui as enzimas *LPOR* e *DPOR* após o alinhamento com o *MUSCLE,* como as outras, não apresentou nenhum aminoácido conservado entre elas, e através da árvore, mostra que essas duas enzimas possuem mais semelhanças com as subunidades *PorB* (*LPOR*) e *L* (*DPOR*). Na figura seguinte (**Figura 12**) encontra-se a comparação do alinhamento da sequência de aminoácidos das subunidades das duas enzimas *DPOR* e *COR*, onde se pode ver a estreita relação entre elas, confirmando os estudos anteriores mencionados anteriormente **(Burke**[2] ***et al.*1993; Nomata, *et al.*, 2006; Nomata, *et al.*, 2008** e **Watzlich, *et al.*, 2009)**. É importante notar que as três subunidades do complexo *DPOR* apresentam uma semelhança significativa de sequência com as três subunidades (*X, Y* e *Z*) da cloro redutase, indicando que estes dois conjuntos de proteínas evoluíram a partir de uma antiga duplicação de genes num antepassado comum de todos os fototróficos (**Burke *et al.*, 1993; Xiong e Bauer 2002; Raymond *et al*, 2004; Chew e Bryant, 2007**), onde se podem ver claramente as grandes semelhanças entre as subunidades *N* de *DPOR* com *Y* de *COR,* a subunidade *B* (*DPOR*) com *Z* (*COR*) e, finalmente, a subunidade *L* (*DPOR*) com *X* (*COR*), confirmando que os homólogos *de BchX* são ancestrais de *BchL* e que a fotossíntese anoxigénica *baseada em Bchl* teve origem antes da fotossíntese *baseada em Chl* em cianobactérias (**Gupta, 2015**).

As proteínas *BchL* e *BchX* estão distantemente relacionadas com a proteína dinitrogenase redutase (*NifH*) do complexo da nitrogenase (**Burke *et al.*, 1993; Xiong *et al.*, 2000; Raymond *et al.* 2004**). As subunidades são apresentadas como 3 pares, onde cada par tem 2 subunidades, cada uma de uma destas duas enzimas (*DPOR* e *COR*), e mesmo que os alinhamentos sejam de organismos evolutivamente distantes, aqui a árvore mostra que as suas semelhanças relacionadas com estas enzimas são mais próximas do que outras características que possam apresentar. Na árvore com *LPOR* e *COR*, a árvore é semelhante à que compara *LPOR* e *DPOR* (**Figura 11**), sendo que em vez de *PorB* (*LPOR*) e *L* (*DPOR*) apresentarem maior similaridade, agora (**Figura 13**) é entre *PorB* (*LPOR*) e *X* (*COR*), e por outro lado as que apresentam menos similaridades são *PorC* (*LPOR*) e *Y* (*COR*). Usando mais de duas enzimas (**Figura 14**), subunidades *DPOR* (*A*, *B* e *C*), subunidades *DVR* e *COR* (*X, Y* e *Z*), que estão intimamente relacionadas em termos de estrutura, e outras características, demonstrou que *B* (*DPOR*) e *X* (*COR*), *DVR* com *Y* (*COR*) são as mais intimamente relacionadas, e por outro lado, *Y* (*COR*), e *L* (*DPOR*) são as que têm menos semelhanças. Tendo todas as enzimas juntas (**Figura 15**), onde as subunidades que são claramente conservadas num ramo são destacadas com um quadrado vermelho, exceto o *DVR* que é destacado com uma forma circular vermelha, e as subunidades *PorA* e *PorB* no meio da árvore, que estão misturadas nos mesmos ramos. As maiores semelhanças são entre *L* (*DPOR*) e *X* (*COR*), também *Y* (*DPOR*) tem alta semelhança com *DVR*, mas diferentemente de *L* (*DPOR*) e *X* (*COR*) que estão na parte superior da árvore, *X* e *DVR* estão na parte inferior da árvore. As sequências da enzima DVR não estão separadas em suas duas subunidades (*BciA* e *BciB*), pois nos bancos de dados de onde foram retiradas as sequências da *DVR* não havia nenhuma especificação relacionada às subunidades, apenas o nome da enzima é mostrado, o que faz com que as sequências das subunidades *BciA* e *BciB se* juntem nessas árvores. Como referido anteriormente, a *LPOR* é a que apresenta menos semelhanças (**Tabela 1**), onde se pode verificar que a *LPOR* está "separada" das restantes, sendo a subunidade *PorC* mais distante, as árvores das subunidades *LPOR* confirmaram trabalhos anteriores (**Buhr, *et al.*, 2008**; **Garrone *et al*, 2015)** assumindo a maior similaridade de *PorA* e *PorB*, em comparação com *PorC*) e nesta árvore filogenética isso é mostrado claramente, mas por outro lado, o *DPOR* e o *COR*, especificamente as subunidades *B* e *Z*, respetivamente, são os que têm mais semelhanças entre as suas sequências. Além do número de sequências para cada subunidade não ser muito grande (menos de 10 sequências para cada subunidade), por uma questão de boa visibilidade da árvore de saída, esta árvore esclarece muito do que estava a ser demonstrado neste trabalho, relacionado com as relações/semelhanças das enzimas aqui estudadas. Sendo estas enzimas parte da mesma via, a via de biossíntese de (*B*) *Chl,* o nível de semelhanças não é muito elevado, como seria de esperar. A análise de alinhamento de sequências trouxe mais informações relacionadas com estas enzimas, mostrando o seu nível de semelhanças entre ortólogos, e entre as diferentes subunidades quando comparadas. O número relativamente grande de entradas de algumas subunidades esclarece mais os resultados, onde aquelas que apresentam domínios conservados ou simplesmente aminoácidos conservados são assumidas com maior grau de confiança. Através disto, foram encontradas algumas novas semelhanças de sequências (motifs), que podem ser tomadas com mais atenção ao estudar as sequências destas enzimas, o que pode trazer informações importantes sobre elas. É claro que mais informações são necessárias para resolver algumas questões relacionadas a essas enzimas, mas neste trabalho, há a compilação das informações que se espalharam em diversos estudos, e pela primeira vez reunidas para facilitar estudos futuros.

1.4 Resultados da amplificação dos genes (Wet Work)

A Chlamydomonas reinhardtii é uma alga unicelular, utilizada como organismo modelo em vários estudos, que pode crescer como organismo fototrófico quando alimentada com luz, ou/e também pode crescer no escuro se alimentada com carbono orgânico, porque o seu genoma tem um cluster denominado cluster fotossintético onde vários genes desempenham um papel importante no processo de fotossíntese (**Harris, 2001**), onde se destacam as três subunidades da *DPOR* (*ChlB*, *ChlL* e *ChlN*), e uma *LPOR,* duas das enzimas responsáveis pela redução do duplo *anel D* $_{C17} = _{C18}$, na ausência e presença de luz respetivamente, como já foi referido. Com o objetivo de amplificar estas subunidades, foram procuradas sequências de genes para as proteínas. Os primers (mostrados abaixo) foram escolhidos a partir das sequências de genes retiradas da base de dados *NCBI.* A Figura **16** mostra os resultados da amplificação dos genes através da *PCR*, onde **Figura 16-a)** com as bandas das subunidades ***B*** (2064 pb) e ***L*** (882 pb) amplificadas, o mesmo acontecendo nas figuras: **Figura 16-b** e **Figura 16-c** com a enzima *LPOR* (3175 pb) e ***N*** (1410 pb) respetivamente. Para além de a intensidade das bandas em alguns casos não ser tão forte como esperado, é possível ver claramente o local das respectivas bandas.

Primários:

DPOR (*chlB*, *chlL*, *chlN*)

CrB-F:GCGCGGATCCATGAAATTAGCTTATTGGATG CrB-R:GTCGACTTAAGCCGACAAAGCTTC (2064 pb) CrL-F:GGATCCATGAAATTAGCTGTTTACGG

CrL-R:GCGCGTCGACTTAAATTTTAAGATAGAGAAATC (882 pb) CrN-F:GGATCC TTGTTAGATGTGCCACAAC

CrN-R:CGTCGACTTAAGAAATAGCATTTACTG (1410 pb)

LPOR (*Por*)

CrPor-F:GGATCCCCTTACCAGCGCTACGGCAT

CrPor-R:GTCGACCACATGTCAGAGGCGCTTAC (3175 pb)

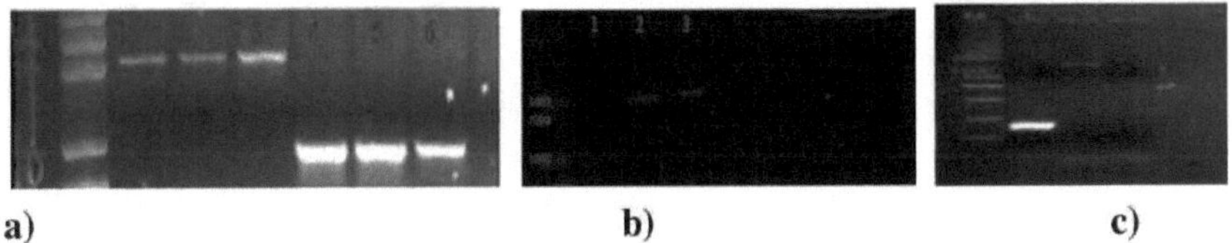

a) **b)** **c)**

Figura 16) Resultados da *PCR* dos genes *LPOR* e *DPOR* amplificados

a) 1 - *chlB* (*C. reinhardtii*) 2064 pb T1 (45^{0}c)

2 - *chlB* (*C. reinhardtii)* 2064 pb T2(50^{0}c)

3 - *chlB* (*C. reinhardtii*) 2064 pb T2(55^{0}c)

4 - *chlL* (*C. reinhardtii*) 882 pb T1(45^{0}c)

5 - *chL* (*C. reinhardtii*) 882 pb T2(50^{0}c)

6 - *chL* (*C. reinhardtii*) 882 pb T2(55^{0}c)

b) 1 -*Ck* (*M.tuberculosis*)

2 -*Por* (*C. reinhardtii*) 3175pb

c) 2 - *chN*(*C. reinhardtii*) 1410 pb

Conclusões

As comparações feitas com estas enzimas confirmaram trabalhos anteriores, onde a enzima *LPOR*, entre elas, é a mais diferente, com características específicas e importantes como a dependência da luz, a insensibilidade ao oxigénio, o que a torna muito distinta em relação à Nitrogenase (que tem grande semelhança com as outras três enzimas), a conformação especial que pode ser dividida em Isómeros. A comparação do alinhamento das sequências destas enzimas sugere, para além destes motivos/regiões/sequências conservadas publicados noutros trabalhos, que existem outros que precisam de ser tidos em conta para estudos futuros, para compreender melhor estas enzimas, e o processo em que estão envolvidas. Estas sequências conservadas são na *LPOR* (KAYxxxK, TGASSGLGLA, MACR, SVxQF, TGASSGLGLAxxKxL; SDAEKARKVW; EVSEKLV); na *DPOR* [TFT presente em quase toda a subunidade *L* (TFTL; ou TFTP; ou TFTI), em poucos *N* (TFTQ, TFTE, TFTP), GxxxGxG (quase em toda a subunidade *L*, mas em poucos *N*)]; em *DVR* [VxxS; AKxxxE; LxxGGP;] e em *COR*: [GxGxxG (BchX); GxxxGxG (BchX); YxxxNxxSD (BchZ);YxxxxS (BchZ); LxNLSxMxAxxGxxV (BchX)]

Referências

Adamson H., Griffiths T., Parker N., Sutherland M. (1985). Lightindependent accumulation of chlorophyll *a* and *b* and protochlorophyllide in green barley (*Hordeum vulgare*). *Physiol. Plant.* 64: 345-352.

Adamson H.Y., Hiller R.G. e Walmsley J. (1997). Protochlorophyllide reduction and greening in angiosperms: an evolutionary perspective. *J. Photochem. Photobiol.* 41: 201-221

Altschul S.F., Gish W., Miller W., Myers E.W., Lipman D.J. (1990). Ferramenta básica de pesquisa de alinhamento local. *J. Mol. Biol.* 215: 403-410.

Amirjani M.R. (2010). Formas espectrais de protoclorofilídeos. *Pak. J. Biol. Sci.* 13(12): 563-76.

Amunts A., Toporik H., Borovikova A. e Nelson N. (2010). Determinação da estrutura e melhoria do modelo do fotossistema I da planta. *J. Biol. Chem.* 285: 34783487.

Apel K. (1981). O holocromo protoclorofilídeo da cevada (*Hordeum vulgare L.*): diminuição induzida pelo fitocromo do ARNm traduzível que codifica a NADPH: protoclorofilideoxidoredutase . *EuropeanJournalof Biochemistry* .120: 89-93.

Apel K. Santel H-J., Redlinger T.E., Falk H. (1980). O Holocromo de protoclorofilídeos da cevada (*Hordeumvulgare L.*): isolamento e caraterização da NADPH-protoclorofilideoxidoredutase . *Europeu Journal of Biochemistry*.111: 251-258.

Aronsson H., Sohrt K., Soll J. (2000). NADPH: protoclorofilídeo oxidoredutase utiliza a via geral de importação para os cloroplastos. *Biol. Chem.* 381(12): 1263-1267.

Armstrong G.A. (1998). Greening in the dark: Light-independent chlorophyll biosynthesis from anoxygenic photosynthetic bacteria to gymnosperms. *J. Photochem. Photobiol. B.* 43: 87-100.

Armstrong G.A., Runge S., Frick G., Sperling U. & Apel K. (1995). Identificação de *NADPH*: protoclorofilídeo oxidoredutase A e B via ramificada para síntese de clorofila dependente de luz em *Arabidopsis thaliana. Plant Physiol.* 108: 1505-1517.

Arnold G.L., Anbar A.D., Barling J., Lyons T.W. (2004). Evidência de isótopos de molibdénio para anoxia generalizada em oceanos do proterozóico médio.

Science. 304: 87-90.

Baker M.E. (1994). A protoclorofilida redutase é homóloga à carbonil redutase humana e à 20 _-hidroesteróide desidrogenase de porco. *Biochem. J.* 300: 605-607.

Bauer C.E., Bolllvar D.W. & Suzuki J.Y. (1993). Análises genéticas da biossíntese de fotopigmentos em Eubacteria: A guiding light for algae and plants. *J. Bacteriol.* 175: 3919-3925.

Beale S.I. (2005). Green genes gleaned. *Trends Plant Sci.* 10(7): 309-12.

Belyaeva O.B., Griffiths W.T., Kovalev J.V., Timofeev K.N., e Litvin F.F. (2001). Participação de radicais livres na fotorredução de protoclorofilida a clorofilida num complexo artificial de pigmento-proteína. *Biochemistry*. 66: 173177.

Berkner L.V. e Marshall L.C. (1965). On the Origin and Rise of Oxygen Concentration in the Earth's Atmosphere (Sobre a Origem e o Aumento da Concentração de Oxigénio na Atmosfera da Terra). *Journal of the Atmospheric Sciences*. 22(3): 225-261.

Birve S., Selstam E., Johansson B. (1996). Estrutura secundária de NADPH: protoclorofilídeo oxidoredutase examinada por dicroísmo circular e métodos de previsão. *Biochem. J.* 317: 549-55.

Bjorn L.O., Papageorgiou G.C., Blankenship R.E. & Govindjee (2009). Um ponto de vista: porquê a clorofila a? *Photosynth Res.* 99(2): 85-98.

Blankenship R.E. (1992). Origin and early evolution of photosynthesis. *Photosynth. Res.* 33: 91-111.

Blankenship R.E. (2010). Evolução inicial da fotossíntese. *Fisiologia vegetal.* 154: 434-438.

Blankenship R.E. (2002). Molecular mechanisms of photosynthesis (Mecanismos moleculares da fotossíntese). *Oxford: Blackwell Science Ltd*; p. 336.

Blankenship R.E. & Matsuura K. (2003). Complexos de antenas de bactérias verdes fotossintéticas. In: Green BR, Parson WW, editores. Light-Harvesting Antennas in Photosynthesis. Dordrecht, Países Baixos: *Kluwer Academic Publishers*. 195-217.

Boardman N.K. (1966). Protoclorofila. *Chlorophylls.* 437-479.

Bollivar D.W., Suzukl J.Y., Beatty J.T., Dobrowolskl J.M. & Bauer C.E. (1994). Análise mutacional dirigida da biossíntese de Bacterioclorofila a em *Rhodobacter capsulatus*. *J. Mol. Biol.* 237: 622-640.

Brocker M.J., Schomburg S., Heinz D.W., Jahn D., Schubert W.-D., Moser J. (2010[a]). Estrutura cristalina do complexo catalítico da protoclorofilídeo oxidoredutase (*ChlN/ChlB*)2, do tipo nitrogenase, operativo no escuro. *J. Biol. Chem.* 285: 27336-45.

Brocker M., Watzlich D., Saggu M., Lendzian F., Moser J., e Jahn D. (2010[b]). Biossíntese de (bacterio)clorofilas: Interação transiente de subunidades dependente de ATP e transferência de electrões da protoclorofilídeo oxidoredutase de operação escura. *J. Biol. Chem.* 285: 8268-8277.

Bryant D.A., Liu Z., Li T., Zhao F., Costas A., Klatt C., Ward D., Frigaard N.U., Overmann J. (2012). Genômica comparativa e funcional de bactérias verdes anoxigênicas dos táxons *Chlorobi, Chloroflex* e *Actinobacteria*, em: R. Burnap, W, Vermass (*Eds*.), Genómica funcional e evolução do sistema fotossintético. *Springer, Países Baixos*. 47-102.

Buhr F., El Bakkouri M., Valdez O., Pollmann S., Lebedev N., Reinbothe S., e Reinbothe C. (2008). Papel fotoprotector da NADPH: protoclorofilídeo oxidoredutase A. *Proc. Natl. Acad. Sci. U.S.A.* 105: 12629-12634.

Burges B.K. e Lowe D.J. (1996). Mechanism of Molybdenum Nitrogenase. *ChemRev. 96:* 2983-3011.

Burke D.H., Hearst J.E., e Sidow A. (1993). Early evolution of photosynthesis: clues from nitrogenase and chlorophyll iron proteins. *Proc. Natl. Acad. Sci. US A.* 90(15): 7134-7138.

Caffarri, S., Tibiletti, T., Jennings, R.C., Santabarbara, S. (2014). Uma comparação entre a arquitetura e o funcionamento do fotossistema I e do fotossistema II da planta. *Curr. Protein. Pept. Sci.* 15(4): 296-331.

Canniffe D.P., Chidgey J.W. & Hunter C.N. (2014). Elucidação das rotas preferidas de redução de C8-vinil na biossíntese de clorofila e bacterioclorofila. *Biochem. J.* 462: 433-440. doi:10.

Canniffe D.P., Jackson P.J., Hollingshead S., Dickman M.J. e Hunter C.N. (2013). Identificação de uma 8-vinil redutase envolvida na biossíntese de bacterioclorofila em *Rhodobacter sphaeroides* e evidências da existência de uma terceira classe distinta da enzima. *Biochem. J.* 450: 397-405.

Castelfranco P., Walker C.J. & Welnsteln J. (1994). Estudos biossintéticos sobre clorofilas: From protoporphyrin IX to Protochlorophyllide. In The Biosynthesis of the Tetrapyrrole Pigments, Ciba Foundation Symposium 180, *D.J. Chadwick and K. Ackrill, eds.* (Chichester, England: John Wiley and Sons), pp. 194-204.

Cerutti H., Johnson A.M., Boynton J.E. e Gillham N.W. (1995). Inibição da Recombinação e Reparação do ADN do Cloroplasto por uma Ação Dominante Negativa

Mutantes de *Escherichia coli* RecA. *Molecular and Cellular Biology*. 15(6): 30033011.

Chen M. (2014). Modificações da clorofila e sua extensão espetral na fotossíntese oxigenada. *Annu. Rev. Biochem.* 83: 26.1-26.24.

Chen M., & Blankenship R.E. (2011). Expandindo o espetro solar usado pela fotossíntese. *Trends Plant Sci.* 16: 427-431.

Chen M., Schliep M., Willows R.D., Cai Z.L., Neilan B.A., Scheer H. (2010). Uma clorofila com desvio para o vermelho. *Science.* 329: 1318-19.

Cheng Q. (2008). Perspectivas da investigação sobre a fixação biológica do azoto. *J. Integr. Plant Biol.* 50(7): 784-796.

Cheng Q., Zhang Y., Sun W.L., Liu G.X., Li M.Z., Li Y.N., Yan Y.L e Lin M. (2014). Como os micróbios procarióticos fixam o nitrogênio? *Tendências atuais em microbiologia.* 9: 19-34.

Chew A.G.M. e Bryant D.A. (2007). Biossíntese de clorofila em bactérias: as origens da diversidade estrutural e funcional. *Annu. Rev. Microbiol.* 61: 113-129.

Christiansen J., Dean D.R. & Seefeldt L.C. (2001). Características mecanísticas da nitrogenase contendo Mo. *Annu. Rev. Plant Physiol. Plant Mol. Biol.* 52: 269295.

Dahlin C., Aronsson H., Wilks H.M., Lebedev N., Sundqvist C. e Timko M.P. (1999). O papel da carga da superfície da proteína na atividade catalítica e na associação da membrana do cloroplasto da ervilha NADPH: protoclorofilídeo oxidoredutase (POR), como revelado pela mutagénese de varrimento da alanina. *Plant. Mol.. Biol.* 39: 309-323.

Deisenhofer J. e Norris, J.R. (1993). The Photosynthetic Reaction Center. *Academic Press,* San Diego.

Dietzek B., Tschierlei S., Hermann G., Yartsev A., Pascher T., Sundstrom V., Schmitt M., e Popp J. (2009). Protoclorofilídeo a: um quadro fotofísico abrangente. *Chem. Phys. Chem.* 10: 144-150.

Dixon R.A., Buck M., Drummond M., Hawkes T., Khan H., MacFarlane S., Merrick M. e Postgate J.R. (1986). Regulação dos genes de fixação de azoto em *Klebsiella pneumoniae*: Implicações para a manipulação genética. *Plant and Soil.* 90: 225-233.

Edgar R.C. (2004). *MUSCLE*: alinhamento de sequências múltiplas com elevada precisão e elevado rendimento. *Nucleic Acids Res.* 32: 1792-7.

Erickson E., Wakao S. e Niyogi K.K. (2015). Estresse leve e fotoproteção em *Chlamydomonas reinhardtii. The Plant Journal.* 82: 449-465.

Ermakova-Gerdes S. e Vermaas W. (1999). Inativação do quadro de leitura aberta slr0399 em *Synechocystis sp. PCC 6803* complementa funcionalmente as mutações perto do nicho QA do fotossistema II. *J. Biol. Chem.* 274: 30540-30549.

Fawley M.W. & Fawley K.P. (2004). Uma técnica simples e rápida para o isolamento de ADN de microalgas. *Journal of Phycology*. 40(1): 223-225.

Fliihe L., Knappe T. A., Gattner M. J., Schafer A., Burghaus O., Linne U., Marahiel M. A. (2012). A enzima radical SAM AlbA catalisa a formação de ligação tioéter na subtilosina A. *Nat. Chem. Biol.* 8: 350-357.

Fong A., Archibald J.M. (2008). Dinâmica evolutiva de genes de protoclorofilídeo oxidoredutase independentes da luz nos plastídeos secundários de algas criptófitas. *Eukaryot. Cell.* 7: 550-3.

Franck F., Sperling U., Frick G., Pochert B., van Cleve B., Apel K., Armstrong G.A. (2000). Regulação dos complexos pigmento-proteína do etioplasto, da arquitetura da membrana interna e da heterogeneidade química da protoclorofilida a por NADPH dependente da luz: protoclorofilida oxidorredutases A e B. *Plant Physiol.* 124(4): 1678-96.

Freer A., Prince S., Sauer K., Papiz M., Hawthornthwaite-Lawless A., McDermott G., Cogdell R. e Isaacs N.W. (1996). Interacções pigmento.pigmento e transferência de energia no complexo de antenas da bactéria fotossintética *Rhodopseudomonas acidophila*. *Structure*. 4: 449-462.

Frigaard N.U. & Bryant D.A. (2004). Seeing green bacteria in a new light: genomics enabled studies of the photosynthetic apparatus in green sulfur bacteria and filamentous anoxygenic phototrophic bacteria. *Arch Microbiol.* 182: 265-276.

Fujita Y. (1996). Redução de protoclorofilídeos: A key step in the greening of plants. *Plant Cell.* 37(4): 411-421.

Fujita Y. & Bauer C.E. (2000). Reconstituição da protoclorofilídeo redutase independente da luz a partir de subunidades *BchL* e *BchN-BchB* purificadas - confirmação in vitro de características semelhantes à nitrogenase de uma enzima de biossíntese de bacterioclorofila. *J. Biol. Chem.* 275: 23583-23588.

Fujita Y. & Bauer C.E. (2003). The light-independent protochlorophyllide reductase: a nitrogenase-like enzyme catalyzing a key reaction for greening in the dark. Em Chlorophylls and Bilins: Biosynthesis, Synthesis and Degradation. *Academic Press, Amesterdão*. 109-156.

Fujita Y., Tsujimoto R. e Aoki R. (2015). Aspectos evolutivos e regulação da biossíntese de tetrapirrol em cianobactérias em ambientes aeróbicos e anaeróbicos. *Life*. 5: 1172-1203.

Fuhrmann, M. e Hennecke H. (1984). Gene da proteína Fe da nitrogenase de *Rhizobium japonicum* (nifH). *J. Bacteriol.* 158(3): 1005-1011.

Gabruk M. & Mysliwia-Kurdziel B. (2015). Protoclorofilídeo oxidoredutase dependente de luz: filogenia, regulação e propriedades catalíticas. *Biochemistry.* 54: 5255-5262.

Gabruk M., Grzyb J., Kruk J., Mysliwa-Kurdziel B. (2012). As protoclorofilídeo oxidorredutases dependentes e independentes da luz partilham motivos de sequência semelhantes - estudos in *silico.Photosinthetica.* 50: 529-540.

Galperin M.Y., Walker D.R. e Koonin E.V. (1998). Enzimas análogas: invenções independentes na evolução enzimática. *Genome Res.* 8: 779 - 790.

Gao Y., Xiong W., He M.J., Tang L., Xiang J.Y. e Wu Q.Y. (2009). Espectros de ação da biossíntese da clorofila *a* em cianobactérias: Mutantes deficientes em protoclorofilídeo oxidoredutase de operação escura. *Z Naturforsch C.* 64(1-2): 117-24.

Gardner P.R. (1997). Ciclagem do centro Fe-S da aconitase impulsionada por superóxidos. *Biosci. Rep.* 17: 33-42.

Garrone A., Archipowa N., Zipfel P.F., Hermann G., e Dietzek B. (2015). Protoclorofilídeo vegetal Oxidoredutases A e B Eficiência catalítica e etapas iniciais da reação. *J. Biol. Chem.* 290: 28530-28539.

Georgiadis M.M., Komiya H., Chakrabarti P., Woo D., Kornuc J.J. & Rees D.C. (1992). Crystallographic Structure of the Nitrogen Iron Protein from *Azotobacter vinelandii. Science* 257: 1653-1659.

Golbeck J.H. (1993). Elementos temáticos partilhados em centros de reação fotoquímicos. *Proc. Natl. Acad. Sci. USA.* 90: 1642-1646.

Goodwin P.J., Agar J.N., Roll J.T., Robert G.P., Johnson M.K., e Dean D.R. (1998). O complexo NifEN de *Azotobacter vinelandii* contém dois aglomerados [*4Fe-4S*] idênticos. *Biochemistry* 37: 10420-10428.

Granick S. (1949). The structural and functional relationships between heme and chlorophyll. *Harvey Lect.; Série* 44: 220-245.

Green B.R., Parson W.W. Green B.R., Anderson J. M. (2004). *in LightHarvesting Antennas in Photosynthesis,* Photosynthetic membranes and their lightharvesting antennas, *eds Green B. R., Parson W. W. (Springer, Dordrecht),* pp 1-28.

Griffiths W.T. (1978). Reconstituição da formação de clorofilídeos por membranas isoladas de etioplastos. *Biochem. J.* 174(3): 681-92.

Griffiths W.T. (1980). Estudos de especificidade do substrato na protoclorofilida redutase em membranas de etioplastos de cevada (*Hordeum vulgare*). *Biochem. J.* 186(1):267-78.

Griffiths W.T., McHugh T., Blankenship R.E. (1996). The light intensity dependence of protochlorophyllide photoconversion and its significance to the catalytic mechanism of protochlorophyllide reductase. *FEBS Lett.* 398: 235-8.

Griffiths W.T. (1991). Fotorredução de protoclorofilídeos. In: *Scheer H* (ed) Chlorophylls, pp 433-449. *CRC Press, Boca Raton*, FL.

Grimm B., Porra RJ., Rüdiger W., Scheer H., Melkozernov A.N., Blankenship R.E. (2006). *in Chlorophylls and Bacteriochlorophylls:* Bioquímica, Biofísica, Funções e Aplicações, Funções fotossintéticas das clorofilas, *eds Grimm B., Porra R. J., Rüdiger W, Scheer H. (Springer, Dordrecht),* pp 397412.

Croce R.; Zucchelli G.; Garlaschi F.M.; Bassi R.; Jennings R.C. (1996). Equilíbrio de estado excitado no complexo fotossistema I - luz - colheita I: P700 é quase isoenergético com sua antena. *Biochemistry. 35*: 8572-8579.

Grula J.W. (2008). A regulação dos genes na evolução: uma história. *Science.* 12; 322(5908): 1633.

Gunning, B.E.S., (2001). Geometria da membrana de corpos prolamelares "abertos". *Protoplasma.* 215: 4-15.

Gupta R.S. (2012). Origem e disseminação da fotossíntese com base em características de sequência conservadas nas principais proteínas de biossíntese de bacterioclorofila *Mol. Biol. Evol.* 29 (11): 3397-3412.

Hanada S., Takaichi S., Matsuura K. e Nakamura K. (2002). *Roseiflexus castenholzii* gen. nov., sp. nov., uma bactéria termófila, filamentosa e fotossintética que carece de clorossomas. *International Journal of Systematic and Evolutionary Microbiology.* 52: 187-193.

Harada J., Mizoguchi T., Tsukatani Y., Noguchil M. & Tamiaki H. (2012). Uma sétima clorofila bacteriana conduzindo uma grande antena de colheita de luz. *Sci. Rep.* 2: 671.

Harada J., Mizoguchi T., Tsukatani Y., Yokono M., Tanaka A., e Tamiaki H. (2014). A clorofilida *a* oxidoredutase funciona como uma das divinil redutases especificamente envolvidas na biossíntese de bacterioclorofila *a. J. Biol. Chem.* 289(18):12716-26.

Harris E.H. (2001). *Chlamydomonas* como um organismo modelo. *Annu. Rev. Plant Physiol. Plant Mol. Biol.* 52:363-406.

Helman Y., Tchernov D., Reinhold L., Shibata M., Ogawa T., Schwarz R., Ohad I. & Kaplan A. (2003). Os genes que codificam as flavoproteínas do tipo A são essenciais para a fotorredução de O_2 em cianobactérias. *Current Biology.* 13(3): 230-5.

Heyes D.J. & Hunter C.N. (2002). Mutagénese dirigida ao local de Tyr-189 e Lys-193 em NADPH: protoclorofilida oxidoredutase de Synechocystis. *Biochem. Soc. Trans.* 30(4): 601-4.

Heyes D.J., Ruban A.V. & Hunter C.N. (2003). Protoclorofilídeo oxidoredutase: reações "escuras" de uma enzima movida a luz. *Biochemistry*. 21: 42(2):523-8.

Heyes D.J., Hunter C.N. (2005). Tornando o trabalho leve da catálise enzimática: protoclorofilídeo oxidoredutase. *Trends Biochem Sci. 30:* 642-9.

Heyes D.J., Heathcote P., Rigby S.E.J., Palacios M.A., van Grondelle R., e Hunter C.N. (2006). A primeira etapa catalítica da enzima protoclorofilídeo oxidoredutase, dirigida pela luz, procede através de um complexo de transferência de carga. *The Journal of Biological Chemistry,* 281: 26847-26853.

Heyes D.J., Menon B.R.K., Sakuma M. e Scrutton N.S. (2008). Os eventos conformacionais durante a formação do complexo ternário enzima-substrato são limitantes da taxa no ciclo catalítico da enzima protoclorofilídeo oxidoredutase, impulsionada pela luz *Biochemistry*. *47* (41): 10991-10998.

Heyes D.J., Levy C., Sakuma M., Robertson D.L. & Scrutton N.S. (2011). Uma abordagem de via dupla otimizou a transferência de prótons e hidreto por tunelamento acoplado dinamicamente durante a evolução da protoclorofilídeo oxidoredutase. *J. Biol. Chem*. 286: 11849-11854.

Heyes D.J., Ruban A. V., Wilks H. M., Hunter C. N. (2002). Enzymology below 200 K: the kinetics and thermodynamics of the photochemistry catalyzed by protochlorophyllide oxidoreductase. *Proc. Natl. Acad. Sci. U.S.A*. 99: 11145-11150.

Heyes D.J., Hardman, S.J.O., Mansell, D., Gardiner, J.M., Scrutton, N.S. (2012). Reavaliação mecanicista da fotoquímica do estágio inicial na enzima protoclorofilídeo oxidoredutase acionada por luz, *PLoS ONE* 7.

Hohmann-Marriott M.F. e Blankenship R.E. (2011). Evolution of Photosynthesis. *Annu. Rev. Plant Biol*. 62: 515-548.

Holland H.D. (2006). A oxigenação da atmosfera e dos oceanos. *Philos. Trans. R. Soc. Lond. B. Biol. Sci*. 361: 903-915.

Holm R.H., Kennepohl P., e Solomon E.I. (1996). Aspectos estruturais e funcionais dos sítios metálicos em biologia. *Chem. Rev*. 96: 2239-2314.

Howard J.B. e Rees D.C. (1996). Base estrutural da fixação biológica de nitrogénio.*Chem. Rev*. 96: 2965-2982.

Hunsperger H.M, Randhawa T. e Cattolico R.A. (2015). Extensa transferência horizontal de genes, duplicação e perda de genes de síntese de clorofila nas algas. *BMC Evolutionary Biology*. DOI 10.1186/s12862-015-0286-4.

Igarashi R.Y. e Seefeldt L.C. (2003). **Nitrogen fixation: the mechanism of the Mo- dependent nitrogenase. *Crit. Rev. Biochem. Mol. Biol.* 38: 351-384.**

Imlay J.A. (2006). Aglomerados de ferro-enxofre e o problema do oxigénio. *Mol. Microbiol.* 59(4): 1073-82.

Islam M.R., Aikawa S., Midorikawa T., Kashino Y., Satoh K., Koike H.(2008). slr1923 of *Synechocystis sp PCC6803* is essential for conversion of 3,8-divinyl(proto)chlorophyll(ide) to 3-monovinyl(proto)chlorophyll(ide). *Plant Physiol.*148:1068-1081.

Ito H., Yokono M., Tanaka R., Tanaka A. (2008). Identificação de um novo gene de vinil redutase essencial para a biossíntese de monovinil clorofila em *Synechocystis sp PCC6803. J. Biol. Chem.* 283: 9002-9011.

Ito H. e Tanaka A. (2014). Evolução de uma nova via metabólica da clorofila impulsionada pelas mudanças dinâmicas na atividade promíscua da enzima. *Plant Cell Physiol.* 55(3): 593-603.

Jansson S. (1994). The light-harvesting chlorophyll a/b-binding proteins. *Biochim Biophys Ata.* 1184: 1-19.

Ji H.W., Tang C.Q., Li L.B., e Kuang T.Y. (2001). Desenvolvimento da fotossíntese em mudas de lótus (*Nelumbo nucifera*) cultivadas no escuro. *Ata Bot. Sin.* 43: 1129-1133.

Jornvall H., Persson B., Krook M., Atrian S., Gonzalez-Duarte R., Jeffery J., Ghosh D. (1995). Desidrogenases/reductases de cadeia curta SDRS. *Biochemistry.* 34(18): 6003-13.

Kannangara G., Gough, S. P., Bryant, P., Hoober, J. K., Kahn, A. e von Wettstein, D. (1988). $tRNA^{glu}$ como cofator na síntese de aminolaevulinato. *Trends Biochem. Sci.* 13: 139-143.

Kaschner M., Loeschcke A., Krause J., Minh B.Q., Heck A., Endres S., Svensson V., Wirtz A., von Haeseler A., Jaeger K.E., Drepper T. e Krauss U. (2014). Descoberta da primeira protoclorofilida oxidoredutase dependente de luz em bactérias fototróficas anoxigénicas. *Mol Microbiol.* 93: 1066-78.

Kasting J.F. (1987). Restrições teóricas sobre as concentrações de oxigénio e dióxido de carbono na atmosfera pré-cambriana. *Precambrian Res.* 34: 205-29.

Kavanagh K.L., Jornvall H., Persson B., Oppermann U. (2008). A superfamília SDR: diversidade funcional e estrutural numa família de enzimas metabólicas e reguladoras. *Cell Mol Life Sci. 65:* 3895-906.

Khan H., Parks N., Kozera C., Curtis B.A., Parsons B.J., Bowman S. e Archibald J.M. (2007). Sequência do genoma plasmático da alga criptofítica *Rhodomonas salina CCMP1319*: transferência lateral da maquinaria putativa de replicação do ADN e um teste da filogenia dos plastídeos cromistas. *Mol. Biol. Evol.*

24: 1832-1842.

Kim C., Meskauskiene R., Apel K. & Laloi C. (2008). No single way to understanding let oxygen signaling in plants. *EMBO Rep.* 9: 435-439.

Kim J. e Rees D.C. (1992). Estrutura cristalográfica e implicações funcionais da proteína nitrogenase molibdénio-ferro de *Azotobacter vinelandii*. *Nature.* 360: 553-560.

Knoll A.H. (2003). As consequências geológicas da evolução. *Geobiologia.* 1(1): 3-14.

Koski V.M, French C.S, Smith J.H. (1951). O espetro de ação para a transformação da protoclorofila em clorofila a em plântulas de milho normais e albinas. *Arch. Biochem. Biophys.* 31(1): 1-17.

Kupke D.W. e Huntington J.L. (1963). Aparência da clorofila a no escuro em plantas superiores: notas analíticas. *Science.* 140(3562): 49-51.

Kusumi J., Sato A., e Tachida H. (2006). Relaxamento da restrição funcional na protoclorofilídeo oxidoredutase dependente de luz em *Thuja; Mol. Biol. Evol.* 23 (5): 941-948.

Larkum T. & Howe C.J. (1997). Aspectos moleculares dos processos de colheita de luz em algas. *Adv. Bot. Res.* 27: 257-330.

Latifi A., Ruiz M. e Zhang C.C. (2009). Stress oxidativo em cianobactérias. *Fems Microbiology Reviews.* 33(2): 258-278.

Lebedev N. e Timko M.P. (1998). Fotorredução de protoclorofilídeos. *Photosynth. Res.* 58: 5-23.

Lebedev N e Timko MP (2002). POR structural domains important for the enzyme activity in *R. capsulatus* complementation system. *Photosynthesis Research* 74: 153-163.

Lebedev N. & Timko M.P. (1999). Protoclorofilídeo oxidoredutase B-catalisado pela fotorredução de protoclorofilídeo *in vitro*: Uma visão do mecanismo de formação de clorofila em plantas adaptadas à luz. *Actas da Academia Nacional de Ciências dos Estados Unidos da América.* 96(17): 9954-9959.

Lebedev N., Karginova O., McIvor W. & Timko M.P. (2001). Tyr275 e Lys279 estabilizam o NADPH no sítio catalítico do NADPH: protoclorofilídeo oxidoredutase e estão envolvidos na formação do estado fotoactivo da enzima. *Biochemistry.* 40(42):12562-74.

Leigh J. (1990). Os metais criam uma armadilha para o azoto. *New Scientist.* 55-58.

Li Y., Scales N., Blankenship R.E., Willows R.D. & Chen M. (2012).

Coeficiente de extinção para clorofilas deslocadas para o vermelho: Clorofila *d* e clorofila *f*. *Biochim. Biophys. Ata.* 1817: 1292-1298.

Liu X.Q., Xu H. & Huang C. (1993). O gene chlB do cloroplasto é necessário para a acumulação de clorofila independente da luz em *Chlamydomonas reinhardtii. Plant. Mol. Biol.* 23(2): 297-308.

Liu Z., Bryant D.A. (2011). Vários tipos de 8-vinil redutases para a biossíntese de (bacterio) clorofila ocorrem em muitas bactérias verdes de enxofre. *J. Bacteriol.* 193: 4996-4998.

Loll B., Kern J., Saenger W., Zouni A. e Biesiadka J. (2005). Rumo a um arranjo completo de cofactores na estrutura de resolução de 3,0 angstrom do fotossistema II. *Nature. 438*: 1040-1044.

Maresca J.A., Gomez M.C.A., Ponsati M.R., Frigaard N.U., Ormerod J.G., e Bryant D.A. (2004). O Gene bchU de *Chlorobium tepidum* codifica a Metiltransferase C-20 na Biossíntese de Bacterioclorofila c. *J. Bacteriol.* 186: 25582566.

Mariani P., De Carli M.E., Rascio N., Baldan B., Casadoro C., Gennari G., Bodner M. e Larcher W. 1990). Synthesis of chlorophyll and photosynthetic competence in etiolated and greening seedlings of *Larix decidua* as compared with *Picea abies*. *Journal of Plant Physiology*. 137(1): 5-14.

Martin G.E.M., Timko M.P. e Wilks H. M. (1997). Purificação e análise cinética da NADPH:Protoclorofilida oxidoredutase de ervilha (*Pisum sativum* L.) expressa como uma fusão com a proteína de ligação à maltose em *Escherichia coli. Biochem. J.* 325: 139-145.

Martin W., Rujan T., Richly E., Hansen A., Cornelsen S., Lins T., Leister D., Stoebe B., Hasegawa M., e Penny D. (2002). Evolutionary analysis of *Arabidopsis*, cyanobacterial, and chloroplast genomes reveals plastid phylogeny and thousands of cyanobacterial genes in the nucleus. *Proc. Natl. Acad. Sci. USA*. 99: 12246-12251.

Martin W., Stoebe B., Goremykin V., Hansmann S., Hasegawa M., e Kowallik K.V. (1998). Transferência de genes para o núcleo e a evolução dos cloroplastos. *Nature.* 393: 162-165.

Martinez-Planells A. Arellano J.B., Borrego C.M., L0pez-Iglesias C., Gich F., Garcia-Gil J. (2002). Determinação da topografia e biometria dos clorossomas por microscopia de força atómica. *Photosynth. Res.* 71: 83-90.

Masuda S., Ikeda R., Masuda T., Hashimoto H., Tsuchiya T., Kojima H., Nomata J., Fujita Y., Mimuro M., Ohta H. e Takamiya K.-I. (2009). Corpos prolamelares formados por protoclorofilídeo oxidoredutase de cianobactérias em

Arabidopsis. *The Plant Journal.* 58: 952-960.

Masuda T., Fusada N., Oosawa N., Takamatsu K., Yamamoto Y.Y., Ohto M., Nakamura K., Goto K., Shibata D., Shirano Y., Hayashi H., Kato T., Tabata S., Shimada H., Ohta H. & Takamiya K. (2003). Functional analysis of isoforms of NADPH: protochlorophyllide oxidoreductase (POR), PORB and PORC, in *Arabidopsis thaliana. Plant Cell Physiol.* 44(10): 963-74.

Masuda T. & Takamiya K.I. (2004). Novos conhecimentos sobre a enzimologia, regulação e funções fisiológicas da protoclorofilídeo oxidoredutase dependente da luz em angiospérmicas. *Photosynth Res.* 81: 1-29.

Menon B.R.K., Davison P.A., Hunter C.N., Scrutton N.S. & Heyes D.J. (2010). A mutagénese altera o mecanismo catalítico da enzima protoclorofilídeo oxidoredutase, que é accionada pela luz. *J. Biol. Chem.* 285: 2113-9.

Menon B.R.K., Hardman S.J.O., Scrutton N.S. e Heyes D.J. (2016). Vários resíduos do sítio ativo são importantes para a eficiência fotoquímica na enzima ativada pela luz protoclorofilídeo oxidoredutase (POR). *Journal of Photochemistry & Photobiology, B: Biology.* 161: 236-243.

Menon B.R.K., Waltho J.P., Scrutton N.S., Heyes D.J. (2009). Estudos de fotoexcitação criogénica e a laser identificam múltiplos papéis para os resíduos do sítio ativo na enzima protoclorofilídeo oxidoredutase, impulsionada pela luz. *J Biol Chem.* 284: 18160-6.

Miyashita H. Ikemoto H., Kurano N., Adachi K., Chihara M. & Miyachi S. (1996). A clorofila d como um pigmento importante. *Nature.* 383-402.

Moser J., Lange C., Krausze J., Rebelein J., Schubert W.D., Ribbe M.W., Heinz D.W. e Jahn D. (2013). Estrutura do Complexo de Protoclorofilídeo Oxidoredutase estabilizado com fluoreto de alumínio ADP. *Actas da Academia Nacional de Ciências dos Estados Unidos da América.* 110: 2094-2098.

Muraki N., Nomata J., Ebata K., Mizoguchi T., Shiba T., Tamiaki H., Kurisu G. & Fujita Y. (2010). Estrutura cristalina de raios X da protoclorofilídeo redutase independente de luz. *Nature.* 465: 110-114.

Nagata N., Tanaka R., Satoh S., e Tanaka A. (2005). Identificação de um gene de vinil redutase para a síntese de clorofila em *Arabidopsis thaliana* e implicações para a evolução de espécies de Prochlorococcus.*Plant Cell.* 17: 233-240.

Nakanishi H., Nozue H., Suzuki K., Kaneko Y., Taguchi G. & Hayashida N. (2005). Caracterização do mutante *pcb2 de Arabidopsis thaliana* que acumula clorofilas divinílicas. *Plant Cell Physiol.* 46: 467-473.

Nasrulhaq-Boyce A., Griffiths W.T. e Jones O.T.G. (1987). O Uso de Ensaios

Contínuos para Caracterizar a Ciclase Oxidativa que Sintetiza o Anel Isocíclico da Clorofila. *Biochemical Journal*. 243: 23-29.

Nomata J., Kitashima M., Inoue K. & Fujita Y. (2006[a]). *A proteína Fe da* nitrogenase como cluster Fe-S é conservada na *proteína L* (*BchL*) da protoclorofilídeo redutase de operação escura de *Rhodobacter capsulatus*. *FEBS Lett* (no prelo).

Nomata J., Kondo T., Mizoguchi T., Tamiaki H., Itoh S., & Fujita Y. (2014). A protoclorofilida oxidoredutase operativa escura gera radicais de substrato por um cluster de ferro-enxofre na biossíntese de bacterioclorofila. *Relatórios Científicos*. *4*: 5455.

Nomata J., Mizoguchi T., Tamiaki H. e Fujita Y. (2006[b]). Uma segunda enzima do tipo nitrogenase para a biossíntese de bacterioclorofila: reconstituição da clorofilida *a* redutase com a proteína X purificada (BchX) e a proteína YZ (BchY-BchZ) de *Rhodobacter capsulatus*. *J. Biol. Chem.* 281: 15021-15028.

Nomata J., Ogawa T., Kitashima M., Inoue K. & Fujita Y. (2008). *A proteína NB-* (*BchNBchB*) da protoclorofilídeo redutase de operação escura é o componente catalítico que contém aglomerados Fe-S tolerantes ao oxigénio. *FEBS Lett*. 582: 1346-1350.

Nomata J., Swem L.R., Bauer C.E. & Fujita Y. (2005). Sobreexpressão e caraterização da protoclorofilida redutase de operação escura de *Rhodobacter capsulatus*. *Biochim. Biophys. Ata*. 1708: 229-37.

Nymark M., Valle K.C., Brembu T., Hancke K., Winge P., Anderson K., *et al.*, (2009). Uma análise integrada da aclimatação molecular à luz alta na diatomácea marinha *Phaeodactylum tricornutum*. *PLoS One*. 4e7743.

Nymark M., Valle K.C., Hancke K., Winge P., Andresen K., Johnsen G., *et al.*, (2013). Respostas moleculares e fotossintéticas à escuridão prolongada e subsequente aclimatação à re-iluminação na diatomácea *Phaeodactylum tricornutum*. *PLoS One*.8:e58722.

Ogawa T., Inoue Y., Kitajima M. e Shibata K. (1973). Espectros de ação para a biossíntese de clorofilas A e B e β-caroteno. *Photochemistry & Photobiology*. 18(3): 229-235.

Ohyama K., Kohchi T., Sano T. e Yamada Y. (1988). Newly Identified Groups of Genes in Chloroplasts (Grupos de Genes Recentemente Identificados em Cloroplastos). *Tendências em Ciências Bioquímicas*. 13: 19-22.

Oliver R.P., e Griffiths W.T. (1981). Marcação covalente da NADPH: Protoclorofilídeo Oxidoredutase de membranas de etioplastos com [3H]N-fenilmaleimida *Biochem. J.* 195(1): 93-101.

Olson J.M. e Blankenship R.E. (2004) Thinking about the Evolution of Photosynthesis. *Photosynthesis Research*. 80: 373-386.

Ong H., Wilhelm S., Gobler C., Bullerjahn G., Jacobs M.A., McKay J., *et al.*, (2010). Análises das sequências completas do genoma do cloroplasto de dois membros das Pelagophyceae: *Aureococcus anophagefferens CCMP1984* e *Aureumbra lagunensis CCMP1507*. *J. Phycol.* 46: 602-15.

Oosawa N., Masuda T., Awai K., Fusada N., Shimada H., Ohta H., Takamiya K. (2000). Identificação e expressão induzida pela luz de um novo gene da isoforma de *NADPH-protoclorofilídeo* oxidoredutase em *Arabidopsis thaliana. FEBS Lett.* 474:133-136.

Oster U., Tanaka R., Tanaka A., Rüdíger W. (2000). Clonagem e expressão funcional do gene que codifica a enzima chave para a biossíntese de clorofila b (*CAO*) de *Arabidopsis thaliana*. *Plant J.* 21: 305-310.

Page C.C., Moser C.C., Chen X. e Dutton P.L. (1999). Princípios de Engenharia Natural do Tunelamento de Electrões na Oxidação-Redução Biológica. *Nature*. 402: 47-52.

Papageorgiou,G., e Govindjee (2004). Chlorophyll a Fluorescence, A Signature of Photosynthesis. 19. *Springer*: 14:,48,86.

Papenbrock J., Grafe S., Kruse E., Hanel F., Grimm B. (1997). Mg- quelatase do tabaco: identificação de uma sequência de cDNA de Chl D que codifica uma terceira subunidade, análise da interação das três subunidades com o sistema de dois híbridos de levedura e reconstituição da atividade enzimática por co-expressão de CHL D, CHL H e CHL I recombinantes. *Plant J.*12 (5): 981-90.

Papenbrock J. & Grimm B. (2001). Regulatory network of tetrapyrrole biosynthesis studies of intracellular signaling involved in metabolic and developmental control of plastids. *Planta* 213: 667-68144: 963-974.

Parham R. e Rebeiz C.A. (1992). Chloroplast Biogenesis: 4-VinylI Chlorophyllide *a* Reductase Is a Divinyl Chlorophyllide a-Specific, NADPH-Dependent Enzyme? *Biochemistry***.** 31:8460-8464.

Parham R. e Rebeiz, C. A. (1995). Chloroplast biogenesis 72: a [4-vinyl]chlorophyllide a reductase assay using divinyl chlorophyllide a as an exogenous substrate. *Anal. Biochem*. 231(1): 164-169.

Partensky F., Hess W.R. e Vaulot D. (1999). Prochlorococcus, um procarionte fotossintético marinho de importância global. *Microbiol. Mol. Biol. Rev*. 63: 106-127.

Pattanayak G.K., & Tripathy B.C. (2002). Catalytic function of a novel protochlorophyllide oxidoreductase C of *Arabidopsis thaliana. Biochem. Biophys. Res.*

Commun. 291: 921-924.

Pau R.N. (1989). Nitrogenase sem molibdénio. *Tendências em Ciências Bioquímicas*. 14(5): 183- 186.

Persson B., Kallberg Y., Bray J.E., Bruforde E., Dellaportaf S.L., Favia A.D., Duarte R.G., Jornvall H., Kavanaghd K.L., Kedishvili N., Kisiela M., Maser E., Mindnichl R., Orchard S., Penning T.M., Thornton J.M., Adamski J. e Oppermann U. (2009). A iniciativa de nomenclatura SDR (desidrogenase/redutase de cadeia curta e enzimas relacionadas). *Chemico-Biological* Interactions. 178: 94-98.

Raven P.H., Evert R.F., Eichhorn S.E. (2005). Photosynthesis, Light, and Life. Biologia das Plantas (7ª *ed.*). W.H. Freeman. pp. 119-127. ISBN 0-7167-9811-5.

Raymond J., Siefert J.L., Staples C.R., Blankenship R.E. (2004). A história natural da fixação de azoto. *Mol. Biol. Evol.* 21: 541-554.

Raymond J., Zhaxybayeva O., Gogarten J.P., Gerdes S.Y., Blankenship R.E. (2002). Whole-genome analysis of photosynthetic prokaryotes (Análise do genoma completo de procariotas fotossintéticos). *Science* 298:1616-1620.

Rebeiz C.A., Ioannides I.M., Kolossov V. e Kopetz, K.J. (1999). Biogénese do cloroplasto 80. Proposta de uma via biossintética unificada e multibranqueada da clorofila *a/b*. *Photosynthetica*, 36: 117-128.

Rees D.C. & Howard J.B. (2000). Nitrogenase: standing at the crossroads. *Curr. Opin. Chem. Biol.* 4:559-566.

Reinbothe S., Reinbothe C., Lebedev N. & Apel K. (1996). POR A e POR B, duas enzimas redutoras de protoclorofilídeos dependentes de luz da biossíntese de clorofila de angiospermas. *Plant Cell.* 8(5): 763-769.

Reinbothe C., Buhr F., Pollmann S., e Reinbothe S. (2003). Reconstituição *in vitro* do complexo POR-protoclorofilida de colheita de luz com protoclorofilídeos a e b. *J. Biol. Chem. 278:* 807-815.

Reinbothe C., El Bakkouri M., Buhr F., Muraki N., Nomata J., Kurisu G., Fujita Y.e Reinbothe S. (2010). Biossíntese de clorofila: destaque para a redução de protoclorofilídeos. *Trends Plant Sci.* 15(11): 614-24.

Reinbothe C., Lebedev N., e Reinbothe S. (1999). Um complexo de colheita de luz de protoclorofilídeos envolvido na desetiolação de plantas superiores. *Nature*. 397: 80-84

Reinbothe S., Quigley F., Springer A., Schemenewitz A., Reinbothe C. (2004). The outer plastid envelope protein Oep16: Role as precursor translocase in import of protochlorophyllide oxidoreductase A. *Proc Natl Acad Sci USA* 101(7): 2203-2208.

Reinbothe S., Mache R. & Reinbothe C. (2000). Um segundo local dependente de substrato para a importação de proteínas para os cloroplastos. *Proc Natl Acad Sci USA*. 97(17): 9795-9800.

Reinbothe S., Reinbothe C., Holtorf H. & Apel K. (1995[b]). Duas NADPH: protoclorofilídeo oxidorredutases em cevada: Evidências para o desaparecimento seletivo de PORA durante o esverdeamento induzido pela luz de plântulas etioladas. *Plant Cell*. 7(11):1933-1940.

Reinbothe S., Runge S., Reinbothe C., van Cleve B. & Apel K. (1995[a]). Transporte dependente de substrato da NADPH: protoclorofilídeo oxidoredutase em plastídeos isolados. *Plant Cell* 7(2): 161-172.

Reinbothe S. & Reinbothe C. (1996). Regulação da Biossíntese de Clorofila em Angiospermas. *Plant Physiol*. 111(1): 1-7.

Rescigno M. & Perham R.N. (1994). Estrutura do motivo de ligação ao NADPH da glutationa redutase: eficiência determinada pela evolução. *Biochemistry*. 33: 5721-5727.

Richard M., Tremblay C., Bellemare G. (1994). Os genomas cloroplásticos de Ginkgo biloba e *Chlamydomonas moewusii* contêm um gene chlB que codifica uma subunidade de uma protoclorofilida redutase independente da luz. *Curr. Genet.* 26(2): 159-65.

Runge S., Sperling U., Frick G., Apel K. & Armstrong G.A. (1996). Distinct roles for light-dependent NADPH: protochlorophyllide oxidoreductase (POR) A and B during greening in higher plants. *The Plant Journal*. 9(4): 513-523.

Runnegar B. (1991). Precambrian oxygen levels estimated from the biochemistry and physiology of early eukaryotes. *Global & Planetary Change*. (12): 97-111.

Rye R. & Holland H.D. (1998). Paleossolos e a evolução do oxigénio atmosférico: uma revisão crítica. *Am. J. Sci.* 298(8): 621-72.

Saga Y., Shibata Y., Itoh S. & Tamiaki H. (2007). Contagem direta de aparelhos fotossintéticos de tamanho submicrométrico dispersos no meio a temperatura criogénica por microscopia confocal de fluorescência a laser: estimativa do número de bacterioclorofila c em complexos de antenas de colheita de luz única clorossomas de bactérias fotossintéticas verdes. *J. Phys. Chem. C.* 111: 12605-12609.

Saga Y., Shibata Y. & Tamiaki H. (2010). Propriedades espectrais de complexos de colheita de farol único na fotossíntese bacteriana. *J. Photochem. Photobiol. C.* 11: 15-24.

Sahoo S.K., Planavsky N.J., Kendall B., Wang X., Shi X., Scott C., Anbar A.D., Lyons T.W. & Jiang G. (2012). Oxigenação do oceano na sequência da glaciação marinha. *Nature*. 489: 546-549.

Samol I., Rossig C., Buhr F., Springer A., Pollmann S., Lahroussi A., von Wettstein D., Reinbothe C. & Reinbothe S. (2011). A proteína do envelope externo do cloroplasto OEP16-1 para importação plastidial de NADPH: protoclorofilídeo oxidoredutase A em *Arabidopsis thaliana. Plant Cell Physiol.* 52(1): 96-111.

Santana M.A., Tan F.-C. & Smith A.G. (2002). Caracterização molecular da coproporfirinogénio oxidase de soja (*Glycine max*) e *Arabidopsis thaliana. Plant Physiol. Biochem.* 40: 289-298.

Sarma R., Barney B.M., Hamilton T.L., Jones A., Seefeldt L.C., e Peters J.W. (2008). Estrutura cristalina da proteína L da protoclorofilídeo redutase dependente de luz de *Rhodobacter sphaeroides* com MgADP ligado: Um Homólogo da Proteína Fe da Nitrogenase. *Biochemistry.* 47: 13004-13015.

Saunders A. H., Golbeck J.H. e Bryant D.A. (2013). Caracterização de BciB: uma 8-vinil-protoclorofilídeo redutase dependente de ferredoxina da bactéria de enxofre verde *Chloroherpeton thalassium. Biochemistry* 52: 8442-8451.

Schoefs B. & Bertrand M. (2005). Chlorophyll Biosynthesis - A Review. Handbook of Photosynthesis, Segunda Edição. *CRC Press*

Schoefs B., & Franck F. (2003). Redução de protoclorofilídeos: mecanismos e evoluções. *Photochem. Photobiol.* 78: 543-557.

Scrutton N.S., Groot M.L. e Heyes D.J. (2012). Dinâmica do estado excitado e mecanismo catalítico da enzima protoclorofilídeo oxidoredutase acionada por luz. *Chem. Chem. Phys.*14: 8818-8824.

Shi C. & Shi X. (2006). Caracterização de três genes que codificam as subunidades da protoclorofilida redutase independente da luz em *Chlorella protothecoides CS-41. Biotechnol. Prog.* 22: 1050-1055.

Shui J., Saunders E., Needleman R., Nappi M., Cooper J., Hall L., Kehoe D. e Stowe-Evans E. (2009). Protoclorofilídeo oxidorredutases dependentes e independentes da luz na cianobactéria de adaptação cromática *Fremyella diplosiphon* UTEX 481. *Fisiologia Celular e Vegetal.* 50: 1507-1521.

Skinner J.S. & Timko M.P. (1998). *Loblolly pine* (*Pinus taeda L.*) contém múltiplos genes expressos que codificam *NADPH* dependente de luz: protoclorofilídeo oxidoredutase (*POR*). *Plant Cell. Physiol.* 39: 795-806.

Solymosi K. & Schoefs B. (2008). Prolamellar body: a unique plastid compartment, which does not only occur in dark-grown leaves. *Plant Cell Compart. Sel. Top.* 151-202.

Sousa F.L., Shavit-Grievink L., Allen J.F., e Martin W.F. (2012). A evolução do gene da biossíntese da clorofila indica a duplicação do gene PS, não a fusão do PS, na origem da fotossíntese oxigenada. *Genome Biol. Evol.* 5(1): 200216.

Su Q., Frick G., Armstrong G., Apel K. (2001). POR C de *Arabidopsis thaliana*: uma terceira protoclorofilídeo oxidoredutase dependente de luz e NADPH que é regulada diferencialmente pela luz. *Plant Mol Biol.* 47(6):805-13.

Suzuki J.Y., Bollivar D.W. & Bauer C.E. (1997). Análise genética da biossíntese de clorofila. *Annu. Rev. Genet.* 31: 61-89.

Sytina O.A., Heyes D.J., Hunter C.N., Alexandre M.T., van Stokkum I.H., van Grondelle R. e Groot M.L. (2008) Conformational Changes in an Ultrafast Light-Driven Enzyme Determine Catalytic Activity. *Nature*. 456: 1001-1004.

Tamiaki H., Shibata R. & Mizoguchi T. (2007). A função 17-propionato das (bacterio)clorofilas: implicação biológica das suas longas cadeias esterificantes em sistemas fotossintéticos. *Photochem Photobiol.* 83: 152-162.

Tamiaki H., Teramura M. e Tsukatani Y. (2015). Processos de redução na biossíntese de moléculas de clorofila: Chemical Implication of Enzymatically Regio- and Stereoselective Hydrogenations in the Late Stages of Their Biosynthetic Pathway (Implicação química de hidrogenações enzimáticas regio e estereosselectivas nas fases finais da sua via biossintética). *Boletim da Sociedade Química do Japão*, 89:161-173.

Tamura K., Stecher G., Peterson D., Filipski A. e Kumar S. (2013). MEGA6 Análise de genética evolutiva molecular versão 6.0. *Biologia Molecular e Evolução*. 30: 2725-2729.

Tanaka, R. e Tanaka, A. (2007). Biossíntese de tetrapirrol em plantas superiores. *Annu. Rev. Plant Biol.* 58: 321-346.

Tatsuru M., Naok F. & Naoki O. (2003). Functional analysis of isoforms of *NADPH*: protochlorophyllide oxidoreductase (*POR*), *PORB* and *PORC*, in *Arabidopsis thaliana.*

Thompson J.D., Gibson T.J. & Higgins D.G. (2002). Multiple sequence alignment using ClustalW and ClustalX. *Curr. Protoc. Bioinformatics*. 2: 2-3.

Tomitani A., Knoll A.H., Cavanaugh C.M. e Ohno T. (2006). A diversificação evolutiva das cianobactérias: Perspectivas moleculares-filogenéticas e paleontológicas. *Proc. Nat. Acad. Sci. USA*. 103: 5442 - 5447.

Townley H.E., Sessions R.B., Clarke A.R., Dafforn T.R., e Griffiths W.T. (2001). Protoclorofilídeo oxidoredutase: um modelo de homologia examinado por mutagénese dirigida ao local. *Proteins*. 44: 329-335.

Tsukatani Y., Yamamoto H., Mizoguchi T., Fujita Y. & Tamiaki H. (2013). Conclusão das vias biossintéticas para bacterioclorofila g em *Heliobacterium modesticaldum*: A formação do grupo C8-etilideno. *Biochim Biophys Ata.* 1827(10):

1200-4.

Tsukatani Y., Harada J., Nomata J., Yamamoto H., Fujita Y., Mizoguchi T. & Tamiaki H. (2015). Mutantes de *Rhodobacter sphaeroides* que superexpressam clorofilídeo *uma* oxidoredutase de *Blastochloris viridis* elucidam funções de enzimas em vias biossintéticas tardias de bacterioclorofila. *Scientific Reports*. *5*: 9741. http://doi.org/10.1038/srep09741.

Umena Y. Kawakami, K. Shen, J.R. Kamiya N. **(2011).** Estrutura cristalina do fotossistema II de evolução do oxigénio com uma resolução de 1,9 A. *Nature*. *473*: 55-60.

Von Wettstein D., Simon G. & Kannangara G.C. (1995). Chlorophyll biosynthesis. *Plant Cell*. 7: 1039-1057.

Xiong J., Inoue K. & Bauer C.E. (1998). Acompanhamento da evolução molecular da fotossíntese através da caraterização de um cluster de genes de fotossíntese importante de *Heliobacillus mobilis*. *Proc Natl Acad Sci USA*. 95: 14851-14856.

Xiong J., Fischer W.M., Inoue K., Nakahara M. & Bauer C.E. (2000). Molecular evidence for the early evolution of photosynthesis. *Science*. 8;289(5485):1724-30.

Xiong J. & Bauer C.E. (2002). Complex evolution of photosynthesis. *Annu Rev Plant Biol*.53: 503-21.

Xu M., Kinoshita Y., Matsubara S. & Tamiaki H. (2016). Síntese de derivados de clorofila-c modificando a clorofila-a natural. *Photosynth Res*.127: 335-345.

Wamsley J. & Adamson H. (1991). Chlorophyll accumulation in a photoperiodically grown barley seedlings transferred to darkness: effect of time on dark transfer and day length. *Photosynthetica*. 25: 310-317.

Wang P., Wan C., Xu Z, Wang P., Wang W., Sun C., Ma X., Xiao Y., Zhu J., Gao X. & Deng X. (2013). Uma divinil redutase reduz os grupos 8-vinil em vários intermediários da biossíntese de clorofila em uma determinada espécie de planta superior, mas a isozima difere entre as espécies. *Plant Physiol*. 161: 521-534.

Watzlich D., Brocker M. J., Uliczka F., Ribbe M., Virus S., Jahn D. & Moser J. (2009). Enzimas quiméricas do tipo nitrogenase da biossíntese de clorofila (bacterio). *J. Biol. Chem*. 284: 15530-15540.

Wilks H.M. & Timko M.P. (1995). A light-dependent complementation system for analysis of *NADPH*: protochlorophyllide oxidoreductase: identification and mutagenesis of two conserved residues that are essential for enzyme activity. *Proc Natl Acad Sci* U S A. 92:724-8.

Willows R.D. (2006). Síntese de clorofila. In: Wise R.R., Hoober J.K. editores. The structure and function of plastids. Dordrecht: *Springer*. p. 295-313.

Yamamoto H., Kurumiya S., Ohashi R. & Fujita Y. (2009). Sensibilidade ao oxigénio de uma protoclorofilídeo redutase do tipo nitrogenase da cianobactéria *Leptolyngbya boryana. Plant Cell Physiol.*50:1663-73.

Yamamoto H., Ohashi & R. & Fujita Y. (2011). Avaliação funcional de uma protoclorofilídeo redutase do tipo nitrogenase codificada pelo DNA do cloroplasto de *Physcomitrella patens* na cianobactéria *Leptolyngbya boryana. Plant Cell Physio.* 52(11): 1983-93.

Yamazaki S., Nomata J. & Fujita Y. (2006). Funcionamento diferencial de redutases duplas de protoclorofilídeos para a biossíntese de clorofila em resposta aos níveis de oxigénio ambiental na cianobactéria *Leptolyngbya boryana. Plant Physiol.*142: 911-22.

Yang C.M., Tsai H.M. & Yang J.H. (2003). Glucose e Ácido a-Aminolevulínico Estimulam a Síntese de Clorofila Escura de Plântulas de Arroz. *Ata Botanica Sinica.* 45(4): 4222 - 426.

Yang J. & Cheng Q. (2004). Origin and Evolution of the Light-Dependent Protochlorophyllide Oxydoreductase (*LPOR*) Genes. *Plant Biol. 6,* 537-544.

Yang J.H., Tsai H.M. & Yang C.M. (1997). Estudo sobre a síntese de clorofila escura na folha primária do lótus chinês. *Chin. Biosci.* 40: 1-6.

Yang Z.M. & Bauer C.E. (1990). Genes de *Rhodobacter capsulatus* envolvidos nos primeiros passos da via biossintética da bacterioclorofila. *J. Bacteriol.* 172: 5001-5010.

Yates M.G. (1992). The Enzymology of Molybdenum-Dependent Nitrogen Fixation (A Enzimologia da Fixação de Azoto Dependente de Molibdénio). In: Stacey, G., Burris, R.H. e Evans, H.J, Eds., *Biological Nitrogen Fixation*, Chapman and Hall, New York, 685-735.

Zhong L.B., Wiktorsson B., Ryberg M. e Sundqvist C. (1996). O desvio de Shibata: Efeitos das condições *in vitro* no desvio espetral azul da clorofilida em corpos prolamelares isolados irradiados. *J. Photochem. Photobiol.* 36: 263-270.

Printed by Books on Demand GmbH, Norderstedt / Germany